U0230926

城市生态空间规划的理论与实践

尹小玲　黄光庆　龚咏喜　著

科学出版社

北京

内 容 简 介

城市地区遭受强烈的人类干扰，导致生态空间萎缩与破碎，进而引发复合生态系统失衡。如何保护城市生态空间，揭示城市空间分异的机理，进而协调城市发展与生态环境的关系，已成为城市地理学研究的一个热点问题。本书将景观生态学和生态经济学方法引入城市地理学研究之中，通过格局—功能—响应的研究主线，探讨城市化进程中城市生态空间在物质形态和功能价值方面的演变特征和过程，从理论和实践两方面探讨城市生态空间的演变过程与规划方法，为政策制定提供参考依据。

本书可供城市地理、城乡规划等相关领域的科研人员、工程技术人员参阅，也可供政府决策部门人员参考。

图书在版编目（CIP）数据

城市生态空间规划的理论与实践 / 尹小玲，黄光庆，龚咏喜著. -- 北京：科学出版社，2021.10

ISBN 978-7-03-068451-6

Ⅰ. ①城⋯　Ⅱ. ①尹⋯　②黄⋯　③龚⋯　Ⅲ. ①城市环境－生态环境－空间规划　Ⅳ. ①X321

中国版本图书馆 CIP 数据核字(2021)第 049068 号

责任编辑：郭勇斌　肖　雷 / 责任校对：杜子昂
责任印制：张　伟 / 封面设计：刘云天

斜 学 出 版 社 出版
北京东黄城根北街 16 号
邮政编码：100717
http://www.sciencep.com

北京中石油彩色印刷有限责任公司 印刷
科学出版社发行　各地新华书店经销

*

2021 年 10 月第 一 版　开本：720×1000 1/16
2021 年 10 月第一次印刷　印张：9 1/2 插页：4
字数：182 000

定价：89.00 元
（如有印装质量问题，我社负责调换）

前　言

　　城市是人类干扰最强烈的空间载体，也是人类生存与发展的重要依托。快速城市化进程导致城市内生态空间的萎缩与破碎，空气恶化和水体污染严重影响了居民的生活质量，内城的环境质量下降与郊区的无序发展把城市推向衰败的境地。

　　值得庆幸的是，自上而下的管理模式充分体现了高效性，快速改变了城市这一复合生态系统失衡的趋势。1997 年，中共十五大把可持续发展战略确定为我国"现代化建设中必须实施"的战略，中国拉开了生态文明建设的帷幕。2007 年，中共十七大正式提出了生态文明的理念和目标。2012 年，中共十八大将生态文明纳入"五位一体"的中国特色社会主义建设布局，标志着我国真正开始全面推进生态文明建设。2017 年，中共十九大将生态文明建设上升为千年大计，提出统筹山水林田湖草系统治理，实行最严格的生态环境保护制度。在改革开放的这些年里，围绕着自然资源可持续利用与生态环境改善，从国家到地方政府，从部门管理办法到项目编制技术指引，都在具体落实城市生态文明建设，努力提高生态系统服务功能，有效减了缓城市生态系统不健康状态。

　　2020 年 1 月，自然资源部发布了《资源环境承载能力和国土空间开发适宜性评价指南（试行）》，从省级到市级的行政管理空间尺度上，规定了资源环境承载能力和国土空间开发适宜性评价是地方空间规划的基础性工作，辨识地质灾害易发区、生物多样性维护区、水源涵养区等维持生态环境平衡的重要地区，切实将生态环境保护落实到物质空间管控。

　　与此同时，生态空间相关领域的研究深化和规划落实能力不断提高。

从生态城市到山水城市，从区域绿带到区域绿道，从生态控制线到生态红线，从生态基础设施建设到海绵城市推广，中国的学者、规划师和政府三位一体，不断探索和尝试适宜本土文化的生态空间规划与实践，跟随城市化的大潮流，以城市作为空间载体，强化数理研究和定量评估在生态规划中的作用，提高生态规划的科学性和空间指向性，逐步形成了具有中国特色的城市生态空间规划的理论和方法。

本书深切关注城市的生态平衡，梳理了国内外生态空间相关的规划理论，结合作者对城市化的理解，诠释了城市生态空间规划的内涵，并选取中国具有代表性的城市作为研究对象，以格局—功能—响应为研究主线，定量评估其演变特征、过程及其与城市空间的耦合机制，从理论和实践两方面探讨城市生态空间的演变过程与规划方法。本书集理论、方法、案例于一体，希望通过完整的体系、清晰的脉络、多样的案例，为读者提供一套相对完整的城市生态空间研究与规划路径，也可供从事相关领域的学生、同行及管理者进行参考和交流。

本书在写作过程中得到北京大学李贵才教授、曾辉教授、吴建生教授、倪宏刚教授等的指导，同时也得到国家自然科学基金（41301183、41371169）、广东省自然科学基金（2020A1515011068）、广东省科技计划项目（2018B030320002）的支持，在此一并表示衷心感谢！

由于作者水平有限，本书难免存在疏漏之处，敬请读者批评指正。

作　者

2020 年 6 月

目　录

第1章 绪　　论

1.1　城市生态空间研究背景

城市化的发展使人类的定居模式发生了巨大变化。从 18 世纪开始，人口由乡村向城市迅速集中，城市逐渐成为人类的主要定居地。虽然城市化在世界不同地域起步的时期和原因各不相同，但这一趋势普遍存在，并表现出迅猛的势头。1800 年世界总体城市化率仅有 7.3%，到 1995 年已发展到 45.2%，进入 21 世纪，全世界的城市人口已经超过乡村人口，50%以上的人口居住在城市[1]，城市作为区域政治、经济、文化中心的地位更加突出。人类的社会、经济、文化发展越来越多地依赖城市，城市已成为人类最为重要的栖居地。

城市化的主要动力是工业化，其积极作用毋庸置疑。与此同时，工业化也对城市生态环境产生了巨大的消极影响，城市人口、工业、建筑高度密集，导致交通堵塞、环境污染、资源短缺等问题，城市环境质量已直接影响人类的生存与发展。2006 年，国家环境保护总局和国家统计局联合发布《中国绿色国民经济核算研究报告 2004》，这是中国第一份与环境污染经济核算有关的统计报告，报告指出：2004 年，利用污染损失法核算的总环境污染退化成本为 5118.2 亿元，占地方合计 GDP 的 3.05%；虚拟治理成本为 2874.4 亿元，GDP 环境污染扣减指数达到 1.8%，城市人口成为大气污染的主要风险承受者[2]。中国 48.1%的城市空气质量处于中度或重度污染，中国大多数城市人口长期生活在可吸入颗粒物超标的空气环境中[3]。伴随着经济高速增长出现的生态环境不断恶化的局面，人口、资源与环境的协调可持续发展是当今科学领域一个重要的研究课题，创造资源节约的绿色空间、生态环境良好的生态城市，已引起世界各国各级政府和城市居民的普遍关注。

以追求人与自然和谐为目标的生态化运动在世界范围内开展，使人们越来越清晰地看到城市发展的生态化途径，人与自然必然是伙伴关系，人类必须与大自然合作才能使两者共同繁荣，所以，人的发展与自然的平衡关系显得至关重要。正如前人所说"人和自然的关系问题不是一个为人类表演的舞台提供一个装饰性背景，或者只是为了改善一下肮脏的城市，而是需要把自然作为生命的源泉、社会的环境、诲人的老师、神圣的场所来进行维护"[4]。人与自然的生态纽带始终是引导城市产生、发展和成熟的机制所在。

人与自然协调发展的重要途径之一就是通过对城市生态空间结构进行优化，有效促进城市良好生态环境的形成和发展。这种规划理念的形成与规划方法的提出，有助于对目前空间规划体系客观存在的生态网络缺失问题进行弥补，也是城市规划理论创新和发展的一种表现。

生态空间作为城市生态支持系统的载体，在生态系统中发挥着积极的作用，但是城市化发展导致生态空间日益萎缩，面临与之相对应的机理研究不全面、规划建设方法不科学的问题。城市中大量建筑开发、大型交通网络建设等强烈的人类活动使城市景观中的绿色空间日益破碎，使城市生态系统丧失大量自然生境和乡土物种。与此同时，乡村大量的森林无法得到有效保护，河流湖泊按照人类意愿被强加改造，自然生境破坏严重。城市生态空间缺失已经成为影响区域可持续发展的最重要因素之一。因此，保护和修复生态空间，有效协调城乡发展与生态环境的关系，并将生态学的原则方法引入到区域空间规划之中，成为当前学者积极探索的重要课题之一。

21世纪是生态学的世纪，生态学已成为解决与生命现象有关问题的一般科学方法，生态学理论成为生态空间建设的理论基础。生态学理论使新中国成立后的城乡规划建设经历了从唯经济发展的"生态失落"状态向"生态修复"状态的转变[5]，使城市绿地建设从过度人工化、图形化、非生态化向自然化、生态化方向转变。除此，3S 技术[即遥感技术（remote sensing，RS）、地理信息系统（geography information systems，GIS）和全球定位系统（global positioning systems，GPS）的统称]的发展与应用也为生态空间的机理研究和规划建设提供了科学的手段与方法。

1.2 城市生态空间理论根源

城市发展既有理性的因素，也有相当一部分非理性的、偶然性的因素。当城市规模较小时，城市问题并不突出，但当城市发展到一定阶段，空间与物质聚集、人口聚居及拥有更大稠密建成区时，用传统物质空间或工程建设决定论方法指导下形成的城市空间与形态就出现了深刻的危机，这就需要有新的思想观念与方法。而生态空间结构是对城市生态空间组成要素的宏观调控与定位，它决定了城市生态系统的物质形态与有机体的功能发挥，主要目标是达到各类生态用地的合理分布与紧密联系，使城区内外生态有机融合，真正达到生态空间与城市空间的协调、同步、互动发展。

生态学作为一门研究生命与其周边环境的科学，自产生以来，不断发展壮大。生态学从地理学界、生物学界的边缘学科发展到时代的主流学科，其研究的尺度从个体、群落、生态系统、景观直至区域，范围不断扩展；研究的深度从定性的描述到定量的数学计算逐步增加；研究的广度从生态学原理到应用生态学、恢复生态学、景观生态学等越来越宽，并逐步完成从理论到应用的转化。

将生态学中与空间直接发生联系的理论加以提炼，构成了生态空间理论。采用地理学表示"空间"的"水平"分析方法与生态学表示"功能"的"垂直"分析方法相结合的手段，以生态为主线，提炼生态空间理论并加以应用，能够对规划设计产生直接的指导价值。

同时，生态系统作为自然界生命支撑系统，为人类生存和发展提供密不可分的产品和服务，即生态系统服务。然而，经济的发展、人口的扩张、工业化和城市化进程的加快，不断促使人类以更高的强度进行土地开发利用，使大部分自然生态系统转化为人工生态系统。土地利用变化及其引起的土地覆盖变化直接影响其承载的生态系统结构，进而导致生态系统功能的变化，生态系统功能价值也逐渐成为衡量生态系统重要性和进行土地资源优化配置的主要指标。因此，探究土地利用变化与生态系统服务价值变化的动态互馈机制，对正确制定土地利用政策，优化土地利用方式，布局、维持生态系统服务的可持续性具有重要意义。

1.2.1　城市生态空间的建设需求

城市是一个空间概念，指地球表面上占有一定空间，以不同的物质客体为对象的地域结构形式[6]。从系统生态学角度看，城市又是一类典型的社会、经济、自然复合生态系统[7]。随着改革开放的不断深入，中国经济发展十分迅速，区域资源开发、工业发展、城市建设正以前所未有的规模展开。同时，由于不合理的资源开发及环境污染，区域发展也面临着一系列生态环境问题。

城市作为规模庞大、关系复杂的动态生态系统，由社会、经济、自然等系统复合而成，具有开放性、依赖性、脆弱性等特点，极易受到环境条件变动的干扰，需要乡村地区提供大量"生态产品"与城市进行能量和物质的交换。而生态空间是负荷生态系统中唯一具有自净功能的组成部分，具有重要且不可替代的生态、景观和社会功能，是城市可持续发展不可缺少的重要生态基础。生态空间结构形成后将对城市建设和发展形成约束，开发建设用地被控制在生态空间结构以外，形成生态空间结构的区域将成为城市非建设用地，这些用地将融于城市之中，为城市提供良好的生态环境和休憩空间。城市空间基于此架构，从而实现与自然生态环境的耦合。

改革开放 40 多年来，我国城市化发展的速度加快，城市地区生态空间出现大规模缩减。面对生态空间不断遭受蚕食，支撑城市健康运行的生态载体日益萎缩的现状，政府出台了生态空间保护的各种政策，也发起了诸多保护运动。党中央提出建设"生态文明"、建设"和谐社会"的伟大战略目标；建设部（现住房和城乡建设部）自 1992 年开始在全国范围内开展创建国家园林城市的活动，截至 2019 年底，已有 369 个城市获得国家园林城市（城区）的称号；近几年，国家层面推进的海绵城市建设和珠江三角洲绿道建设进行得如火如荼。在此大环境下，系统地研究城市生态空间的演变机理和建设方法具有重要意义。

1.2.2 城市生态空间建设的理论支撑与实践历程

1. 景观生态学理论

自景观生态学理论被提出以来，土地利用规划和评价一直是其主要的研究内容。1981～1983年，景观生态学家福曼（Forman）发表了一系列文章，强调景观生态学与其他生态学科研究的不同之处是前者着重于研究较大尺度上不同生态系统的空间格局和相互关系的学科，并提出了"斑块-廊道-基质"（patch-corridor-matrix）模式[8]。1983年在美国伊利诺伊州Allerton公园召开的景观生态学研讨会是北美景观生态学发展过程中最重要的里程碑之一，提出了强调空间异质性和尺度的景观生态学定义[9]。随着遥感和地理信息系统等技术的日益发展与应用，以及现代诸多学科交叉、融合的发展态势，景观生态学正在各行各业的宏观研究领域中以前所未有的速度得到认同和普及[10, 11]。

景观生态学的应用范围很广，包括国土整治、资源开发、土地利用、生物生产、自然保护、环境治理、区域规划、城市建设和旅游发展等领域，可将其归纳为景观生态管理与景观生态设计两大领域。

景观生态管理主要体现在各种与生态实践密切相关的景观规划工作中。我国目前的重点研究内容包括区域国土整治与发展战略研究中的生态建设规划、区域生态环境变化的动态监测和预测预报、大型生态工程的系统论证与大型建设工程的环境影响评价与生态预测、城市与工矿区人工生态系统研究与景观生态规划、土地生态适宜性评价与土地利用优化结构设计、自然保护区的景观生态规划与管理、旅游开发区的景观生态规划和风景名胜的景观生态保护等。

作为整个工程设计的有机组成部分，景观生态设计通常与具体的建筑工程相联系，如城市居民小区的景观生态设计、乡镇居民生活环境的景观生态设计、各类公园和休闲用地的景观设计、重要城市建设物的环境设计等。

2. 景观格局与生态结构

景观格局是景观生态学从理论研究深入到实际应用所必然产生的研究领域。定量研究景观空间结构是景观功能和动态演变分析的前提和基础。通过分析区域土地的景观生态特征，并对它们进行判断与评价，设计与区域自然条件相协调的生产方式和生态结构，提出生态系统管理的途径与措施[10]。

景观格局是包括干扰在内的一切生态过程作用于景观的产物，在不同时间和空间尺度上，不同生态过程的作用和重要性也不同。研究景观格局与生态过程之间的相互关系对预测景观行为和有效管理景观具有重要意义[12]。区域景观格局是自然景观、人工景观和物理环境空间分布差异的表现，是景观异质性的重要内涵，区域景观生态格局是当前景观生态学的主要研究内容。国内外学者对区域景观格局的研究主要还是应用景观的生态空间理论，采用分布拟合法、分布型指数法、亲和度分析法、景观类型多样性测定、景观格局多样性测定等方法，并利用景观指数进行定量计算，以分析景观要素的空间异质性及其分布[13-18]。研究中所采用的方法，随着研究对象的性质、研究目的和条件发生变化。也有学者认为，系统分析、动态分析及地理信息系统技术都是土地生态建设规划所必需的方法[19]。基于以上认识，人们开始通过对原有景观要素进行优化组合，或引入新的成分来调整，或构建新的景观格局，以增加景观异质性和稳定性，创造出了优于原有景观的生态经济和生态效益[20]。

3. 生态空间规划与建设

生态空间规划与建设的核心内容为构建生态基础设施（ecological infrastructure，EI），以发挥自然资源的生态系统功能，其中生态城市（ecological city）或绿色城市（green city）建设、自然保护区建立、绿道构建等均为不同的表现形式。

20 世纪 70 年代，联合国教科文组织（United Nations Educational, Scientific and Cultural Organization，UNESCO）开始实施人与生物圈（Man

and the Biosphere，MAB）计划，提出生态城市、绿色城市的概念。这里的生态基础设施主要指自然景观和腹地对城市的持久支持能力，是城市可持续发展所依赖的自然系统，是城市及其居民能持续地获得自然服务的基础，即提供新鲜空气、食物、体育、游憩、安全庇护，以及审美和教育等，包括城市绿地系统、林业及农业系统、自然保护地系统及以自然为背景的文化遗产网络。此后许多学者研究提出了与生态基础设施（ecological infrastructure，EI）概念相关的栖息地网络、生态廊道、绿道（green way）、生境网络、环境廊道、生态网络等概念[21]，影响了土地利用规则、区域与城市规划和景观规划。

生态系统服务（ecosystem services）被认为是生态基础设施的核心内涵，廊道被认为是生态基础设施的重要结构要素[22]。绿道概念是景观生态学中的廊道理论在规划设计和实践中的具体运用[8]，一个综合性的绿道系统包括生态、游憩和文化遗产三个方面的功能[23]。绿道规划起源于美国人所说的"公众自发运动"或"草根运动"[24, 25]。在 1957 年，美国总统委员会所做的报告中正式提出绿道概念，并对 21 世纪的美国做了如此描述：一个充满生机的绿道网络……使居民能自由地进入他们住宅附近的开敞空间，从而在景观上将整个美国的乡村和城市空间连接起来[26]。起源于美国的绿道概念在世界范围内得到广泛传播，在北美洲、欧洲、亚洲、大洋洲、南美洲等地已形成了经典案例[27, 28]，甚至在珠江三角洲绿道建设中得到成功实践，绿道规划与建设已经成为国际学术界的一个研究热点[29-32]。

当然，生态基础设施建设不止于绿道，还包括多种形式，最具代表性的是自然保护区和城市森林[33]，如何结合自然又不影响城市发展来进行生态空间规划成为重要议题。美国俄勒冈州的塞勒姆市最早提出并应用生态控制线的概念，通过划分城市开发界线限定城市扩张范围，是西方国家解决城市蔓延的一种技术措施和空间政策。随着我国城市化的高速发展，建设用地不断扩张导致的自然空间减少和生态环境破坏问题日益严重，控制城市空间增长边界这一议题已从学术研究走向具体操作。在从国家到市县推进的国土空间总体规划中，城市空间增长边界的划定成为核心和焦点问题。

除此之外，土地适宜性评价成为判定生态空间最常用的方法之一。土地适宜性是以土地覆被为基础，评估不同类型用地在特定条件下对不同用途的适宜程度。在生态规划中，多将林地、耕地、湿地滩涂等用地类型认定为具有较高的生态适宜性，在此基础上，综合地类属性、空间结构、主体功能定位等多个要素，判定某个地域范围的生态适宜性等级，进而辨识生态适宜度差异。GIS 技术的引入强化了空间异质性和空间聚集度分析，大大提升了地域研究的精度，实现了对地块的分析和赋值，进一步推动适宜性定量评价方法的发展和应用[34-37]。

第2章 城市生态空间内涵解读

2.1 生 态 系 统

2.1.1 生态系统的概念

生态系统最早源于植物生态学，由英国生态学家坦斯利（Tansley）于1935 年首先提出，生态系统是一个"系统的"整体，这个系统不仅包括有机复合体，而且包括形成环境的整个物理因子复合体[38]。

生态学家欧德姆（Odum）认为应把生物与环境看作一个整体来研究，在 1971 年对生态系统的概念进行了精准定义，指出生态系统就是包括特定地段中的全部生物和物理环境的统一体；具体而言，是一定空间内生物成分和非生物成分通过物质循环、能量流动和信息交换而相互作用、相互依存所构成的一个生态功能单位[39]。

生态系统概念的核心定义是指一个特定区域内生物与非生物的复合体，也就是说，生态系统是由生物群落加上非生物的环境成分（如阳光、温度、湿度、土壤、各种有机物等）所构成的，既包括反映生物成分的生物群落本身，也包括生物生存空间所属的无机环境，生物群落和自然环境共同组成了生态系统[40]，两者对生态系统而言缺一不可（图 2-1）。

生物成分包含三个基本成分：生产者、消费者、分解者，这三者属于生物群落，非生物成分为自然环境。四个基本成分相互作用、相互影响，通过物质循环、能量流动和信息交换紧密结合为统一的整体，构成一个完整的生态功能单位。

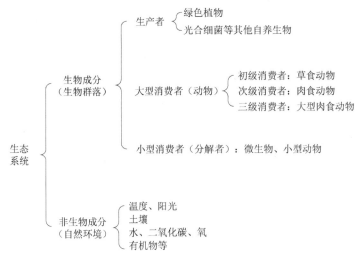

图 2-1　生态系统的组成成分[39]

2.1.2　生态系统的类型

生态系统的类型众多，目前尚无统一的划分方法，通常分为自然生态系统和人工生态系统。自然生态系统还可进一步分为陆地生态系统和水域生态系统。人工生态系统则可以分为城市、农田等生态系统（图 2-2）。

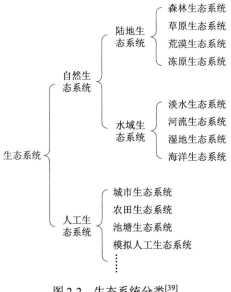

图 2-2　生态系统分类[39]

2.1.3　生态系统的结构

生态系统的结构主要指构成生态诸要素及其量比关系，各组分在时间、空间上的分布，以及各组分间能量、物质、信息流的途径与传递关系。生态系统结构主要包括物种结构、形态结构和营养结构三个方面[41]。

物种结构是指生态系统中各类物种在数量方面的分布特征，主要讨论生物群落的种类组成及各组分之间的量比关系，如生物种类、种群数量。由于物种结构的差异，形成功能及特征各不相同的生态系统。即使物种类型相同，但各物种类型所占比例不同，也会产生不同的功能[39]。

形态结构也称空间结构，是指生态系统中各种生物成分或群落在空间和时间上的配置状况和形态变化特征，即生物群落的时空格局，包括群落的水平结构（水平分布上的镶嵌性）、垂直结构（垂直分布上的成层性）和时间上的发展演替特征。近年来，以景观生态学为基础，特定空间下人工-半人工生态系统空间格局及其演变机制成为研究热点，其重点探讨城市化过程对城市（区域）景观格局的改变和变化规律，分析不同类型土地在人类高强度活动影响下的形态与结构变化。该类型的研究已经成为生态系统空间结构研究的一个重要分支。

营养结构即食物网及其相互关系。以营养为纽带，把生物和非生物紧密结合，构成以生产者、消费者和分解者为中心的三大功能类群，它们与环境之间发生密切的物质循环和能量流动，由此形成食物链、食物网，进而对特定区域的社会、经济和环境产生重大影响。

生态系统的结构与特定的空间相联系，由于区域自然环境存在差异，每种空间都存在着不同的生态条件，栖息着与之相适应的生物群落。生物群落和无机环境的相互作用，以及生物对环境的长期适应，致使生态系统结构的空间地域性加强。例如，长白山区的寒温带针阔混交林与海南岛的热带雨林，虽然同属森林生态系统，但在物种结构、物种丰度及生态系统功能等方面均存在明显差异。因此，生态系统是一个包含特定地区和范围的空间概念，针对不同空间属性的生态系统研究已经形成一种趋势，并成为多年来的研究重点。

2.1.4 生态系统的功能

生态系统主要有四大基本功能：生物生产功能、能量流动功能、物质循环功能，以及信息传递功能。它们通过生态系统的核心——生物群落来实现。生物群落是生态系统中的生命物质，是实现生态系统功能的载体；能量流动、物质循环和信息传递三个功能共同运行，维持生态系统的生长发育和进化演替。

1. 生物生产（生命流）

生态系统中的生物生产包括初级生产（植物性生产）和次级生产（动物性生产）两个过程。初级生产的过程是植物光合作用的过程，其结果是太阳能转变为化学能，即简单无机物转变为复杂有机物。次级生产是消费者和分解者利用初级生产物质进行同化作用建造自身和繁衍后代的过程，也就是异养生物对初级生产物质的利用和再生产过程。次级生产所形成的有机物（消费者体重增长和后代繁衍）的量叫作次级生产量。在一个生态系统中，初级生产和次级生产两个过程彼此联系，但又分别独立进行。

初级生产和次级生产为人类提供几乎全部的食品和生产生活所需原料，人类发展离不开生态系统。基于现有知识水平的统计结果显示，自然界约有 8 万种植物可食用，被人类食用的植物种类不超过 1 万种，其中，仅有小麦、玉米和水稻等约 20 种栽培植物对人类贡献最大，它们直接或间接地为人类提供了大量蛋白质，成为推动人类发展的重要生产力。

2. 能量流动（能量流）

能量是一切生命活动的动力，也是生态系统存在和发展的基础。生态系统通过食物关系使能量在生物间发展转移，这种转移过程包括四个方面：能量形式的转变（太阳能转变为化学能）、能量的转移（能量从植物转移到动物与微生物）、能量的利用（提供各类生物生长与繁衍）、能量的耗散（生物的呼吸与排泄皆消耗了能量）。

生态系统的能量流动具有如下特点：①生产者对太阳能的利用率低，仅为 0.14%；②能量单向流动，不可逆，具体为太阳能—绿色植物—食草植物—食肉动物—微生物；③流动中能量逐级减少；④各级消费者间的能量利用率不高，即每一个营养级的消费者最多只能转化上一个营养级所提供食物能量的 10%为自身可利用的能量，即生态系统中能量传递的"十分之一定律"[42]。因此，食物链的营养级不能无限增加。

3. 物质循环（物质流）

生态系统中的物质主要指生物维持生命活动正常进行所必需的各种营养元素，包括碳、氢、氧、氮、磷等 30 多种化学元素。这些元素构成全部原生质的 97%以上，广泛存在于大气、水和土壤中[39]。各种营养物质通过食物链进行营养传递，通过分解者分解，再次进入环境中重复利用，周而复始地进行物质循环。

生态系统中营养物质再循环的几个主要途径：①风化和侵蚀过程，加上水循环携带营养元素进入生态系统；②通过真菌吸收植物残体的营养物质，进而重新返回植物体；③物质通过动物排泄与微生物分解返回环境；④生物尸体和粪便不需要微生物分解也能释放营养元素；⑤人类利用化石燃料生产化肥，用海水制淡水，以及对矿产与金属的利用。

4. 信息传递（信息流）

信息传递是生态系统中各生命成分之间及生命成分与环境之间的信息流动与反馈过程，是生物之间、生物与环境之间相互作用、相互影响的一种特殊形式。

生态系统中的信息传递存在于种群之间、种群内部个体之间，甚至生物与环境之间。信息通过流动与反馈调节系统的稳定性。信息传递可以分为物理信息、化学信息、营养信息和行为信息等几种形式，涉及声、光、色、生态激素、食物链、动物行为等多种因素。针对每一类信息传递过程进行研究，又形成了化学生态学、行为生态学等区别于生态学的独立学科。

生态系统中能量流和物质流的行为由信息决定，而信息又寓于能量和物质的流动过程中，成为能量流和物质流的载体。与物质流的循环性、能量流的单向性相比，信息流有其自身的特点——有来有往、双向运行，包括从输入到输出的信息传递和从输出到输入的信息反馈的双向过程。正是由于能量、物质和信息总是处于不可分割的状态，它们不断交换，推进了生命演化，从而实现生态系统的有序性。

2.2 城市生态系统

2.2.1 城市生态系统的内涵

生态系统涵盖多种要素，包括森林、草原、海洋、河流、湿地、农田与各种物质形态的人类聚居区。因此，生态系统有多种类型，包括森林生态系统、草原生态系统、海洋生态系统、河流生态系统、湿地生态系统、冻原生态系统和城市生态系统等。

城市生态系统是生态系统中受人类干扰最强烈、人工化程度最高的一种生态系统类型，土地形态从自然分布转变为建筑、街道、农田、畜牧业养殖区等集中出现且高度人工化的土地利用形态。

城市生态系统源起城市生态学，不仅包括生物组成要素（动物、植物、微生物）和非生物组成要素（光、热、水、大气等），还包括人类和社会经济要素，这些要素通过能量流动、生物地球化学循环及物资供应与废物处理系统，形成一个具有内在联系的统一整体。

芝加哥学派创始人帕克（Park）提出了"城市生态学"，最早将社会科学引入生态系统研究，勾勒城市生态系统研究的雏形。帕克借用生态学中的生物学概念研究城市中人与土地的关系，认为城市地区土地价值变化与植物对空间的竞争相似，土地的利用价值反映人对最愿意和最有价值地点的竞争，从而导致经济差异，并按土地价值支付能力分化出不同阶层。之后，其跟随者进一步从功能空间的视角深化城市生态系统研究[43]。

马世骏是中国复合生态系统研究的创始人，最早提出了以人为中心的复合生态系统的概念。认为经济-社会-自然是由三个性质不同但又互相制约的亚系统组成的复合生态系统，其内部存在物质、能量、信息的动态变化关系，因此从经济系统的利润、社会系统的效益和自然系统的合理性三方面提出衡量复合生态系统的指标[43]。

王如松深化了经济-社会-自然复合生态系统的理论和研究方法[44]，界定了以人为中心的生态系统结构与功能，提出水、生、气、土、矿等环节因子的耦合及生产、流通、消费、还原、调控流程组成的人类活动的系统分析方法（图 2-3）。

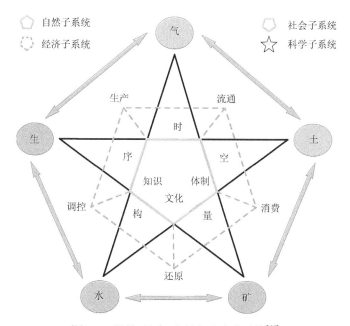

图 2-3　经济-社会-自然复合生态系统[44]

王祥荣认为城市生态系统应具备结构合理、功能高效、关系协调等特征。结构合理是指适度的人口密度、合理的土地利用、良好的环境质量、充足的绿地系统、完善的基础设施、有效的自然保护。功能高效是指资源的优化配置、物力的经济投入、人力的充分发挥、物流的畅通有序、信息流的快速便捷。关系协调主要是指人和自然协调、社会关系协调、城乡协调、资源利用和资源更新协调、环境胁迫和环境承载力协调[45]。

尽管对城市生态系统的理解，因学科侧重而产生差异，但在城市生态系统中，各生态组分的比例和作用发生了巨大变化，明显不同于自然生态系统；同时，城市生态系统内仍有动植物发挥着一定的生态功能，并与周围的自然生态系统发生着各种联系。

因此，本书认为城市生态系统是城市地域范围内居民与人工建造的自然环境和社会环境相互作用形成的统一体，是按人类的意愿创建的一种典型人工生态系统。城市生态系统明显区别于自然生态系统，是人类社会发展到高等阶段，形成大规模聚居区，并与自然环境形成强烈依存关系的产物。城市生态系统已经成为地球生命大系统中结构最为复杂的子系统，且具有如下明显特征。

1）城市生态系统是一个以人为中心的自然、经济与社会复合的人工生态系统，是以人类种群为生命系统主体的生态系统。人类是该系统内的优势种群和主导物种，人工控制与人工作用对城市生态系统的存在和发展起着决定性作用，这一点与自然生态系统明显不同。

2）城市生态系统具有强聚集性。人的生物属性和社会属性决定了人口、物质能量和信息在生态系统中的高度集中。人类处于城市生态系统食物链的顶端，强烈影响着食物链运行中的能量流、物质流和信息流。同时，人类改造自然环境以满足自身生存需求，创造大量人造环境，如建筑群、道路网、农田、鱼塘与畜牧业基地，进而通过科学技术开发利用自然资源，维护城市生态系统运行，大大提升非食物能量流和物质流的强度。

3）城市生态系统是不完整的开放系统，具有高度的外部依赖性和对外辐射性。一方面，系统内部无法实现自给自足，由于人口大规模聚集在城市地区，人类活动对资源环境产生强烈影响。居民的资源、能源需求无法自给自足，必须从其他生态系统（如农田生态系统、森林生态系统、草原生态系统、湖泊生态系统、海洋生态系统）大量输入，以供居民使用。另一方面，城市生态系统缺乏分解者和生产者，是不完整的生态系统。人类侵占了大量自然空间，导致生物群落大量减少、自然生境逐步恶化，并被人工生态系统所代替。人类活动产生的大量废弃物无法就地分解，通过一系列人工循环系统进行存储和迁移，伴随着这一系列过程，污染物被排放到大气、陆地和水域系统中，从而影响其生命支撑系统（图 2-4）。因此，城市生态系统与其生命支撑系统之间的循环能否稳定、高效、流畅地运行，直接决定了人类生活的质量。

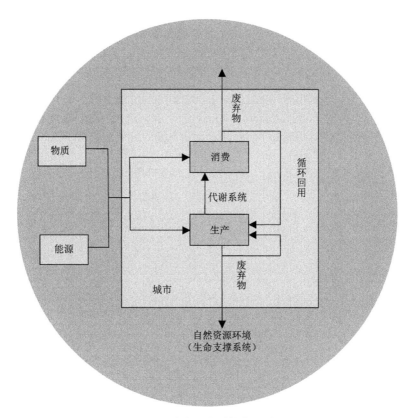

图 2-4　城市生态系统作用过程

　　4）城市生态系统是一个动态演替的系统，其内部产生强烈的物质和能量交换，并将这种影响不断向外围扩展。城市人口主要从事工商业，制造产品，提供消费服务，城市需要外部自然环境持续不断为其提供食物、原料和消纳废弃物的空间场所。人类需求导致的物质与能量"输入"和"输出"是城市生态系统动态变化的主要原因。如果城市与自然之间的这种联系被破坏，会导致城市生态系统失衡，整体运行秩序混乱。

2.2.2　城市生态系统的组分构成

按照复合生态系统的观点，通常将城市生态系统分为自然、社会和经济三个子系统（图 2-5）。自然系统是基础，社会系统是主导，经济系统是命脉。它们相辅相成、相生相克，导致了城市这个复合体复杂的矛盾运动。

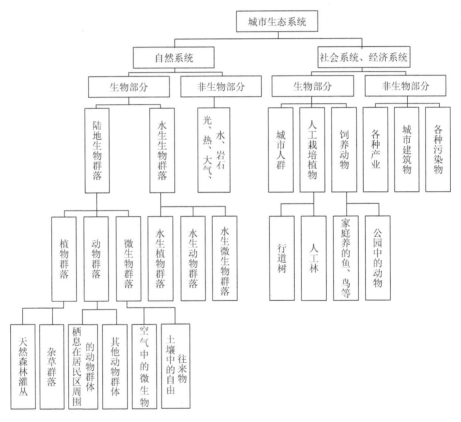

图 2-5　城市生态系统的组分构成[47]

1. 自然系统

自然系统是城市生态系统的有形部分，包括生物部分和非生物部分两大类别，其结构体系包括生物群落的种类、结构、空间分布等生物结构，和以城市所在地区的地貌、气候、水文、土壤、大气等自然环境为主的物理结构。生物群落是自然系统的活动主体，依赖非生物部分的水、土、气生境得以存活，生物群落形成的生物结构和自然生境的物理结构相互影响，构成了城市生态系统中人类活动的生态基底。

2. 社会系统

社会系统以人口为中心，以满足城市居民的就业、居住、交通、供应、文娱、医疗、教育及生活环境等需求为目标，为系统提供劳动力和智力[46]。它以高密度的人口和高强度的生活消费为主要特征。城市人口规模与结构是城市发展水平、潜力和动力的最重要和最根本的因素。

3. 经济系统

经济系统包括生产、流通和消费三个子系统，以资源（能源、物资、信息、资金等）为核心，由工业、农业、交通、贸易、金融、信息、科教等部分组成；以物资从分散向集中的高密度运转、能量从低质向高质的高强度集聚、信息从低序向高序的连续积累为特征[46]。

2.2.3　城市生态系统的结构

1. 营养结构

与自然生态系统一样，城市生态系统中生物之间的食物链关系是营养结构的具体表现，也是系统中物质与能量流动的重要途径。但是，城市生态系统具有其特殊性，人类位于食物链的顶端，是最主要、最高级的消费者，而作为初级生产者的绿色植物很少，其他生物种类也远远少于自然生态系统，人类的食物来源主要依赖外部系统供给，因此，形成以完全人工食物链为主、自然-人工食物链为辅的倒金字塔营养结构（图 2-6）。

2. 资源利用结构

人类除了食物消费外，还具有大量衣、住、行及文化活动和社会活动

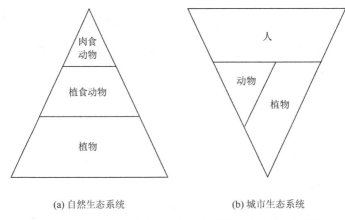

(a) 自然生态系统　　　　　　　(b) 城市生态系统

图 2-6　自然生态系统与城市生态系统营养结构比较[46]

等高级消费需求。正是这种不同于动植物的社会需求，使城市生态系统产生区别于其他任何自然生态系统的资源利用链结构。在人类主导的资源利用过程中，各类资源经加工后生产出可供人类直接消费的最终产品，最终产品的一部分存留在市区环境，另一部分返回生命支撑系统，而这些可供人类使用的资源主要来自生命支撑系统，城市生态系统内部所能提供的资源不多。城市中的河流、湖泊提供洁净水资源，经城市人口饮用、使用后，大部分转变为生活污水和工业废水；现代经济发展的驱动剂——石油，被加工成能源、塑料，甚至食品和化妆品等多种产品，它们进入人类的消费体系，最终以垃圾形态返回；城市土地被大量开发，创造出道路、建筑等多种以人和汽车为主体的人工环境，这些人工建筑与设施一旦形成并投入使用，与人类生产的最终产品之间几乎没有物质和能量交换，同时，几乎不会再与自然形成直接的物质、能量交换，直到其被废弃和再利用，而目前针对建筑垃圾的转化利用率并不是那么可观。

3. 空间结构

城市是存在于地球表面并占有一定地域空间的一种物质形态，在人工要素（建筑群、街道及城市绿地等）与自然要素（地形地貌、河湖水系、山体等）的作用下，组成具有一定物质形态的空间结构。

城市生态系统根据要素的空间排列组合分为两种结构：圈层式结构和

镶嵌式结构。圈层式结构以市区为核心,市区生命系统与环境系统为内圈,郊区环境为中心圈,以自然环境为主、与生命支撑系统进行衔接、融合的区域环境为外圈;而在自然整体环境中,承载人类主要活动的市区环境及郊区环境才是区域环境的内核,通过进一步的延伸,进入生命支撑系统(图 2-7)。镶嵌式结构有大镶嵌与小镶嵌之分。大镶嵌是指个圈层内部要素按土地利用分异所形成的团块状功能分区的空间组合形态。在市区和郊区,有以单一功能为主的空间形态,包括居住区、工业区、商业区、行政区、文化区、对外交通运输区、仓储区、郊区农业生产区、风景游览区等,但是我们现在更为倡导的是规划和建设具有复合功能的社区空间,如工业-交通-仓储区、工业-居住-商业、行政-居住-商业区、行政-文化-绿化区等。各功能区按其功能特点与要求分布在不同的地域位置上,形成一套有规律的块状和条带状的空间镶嵌格局。

　　小镶嵌是指各功能分区内部组成要素按土地利用分异所形成的微观空间组合形态。这种结构形态是城市生态系统发挥的空间依托,其组建经历一个从无序到有序的过程。随着城乡发展与建设进入高级阶段后,要素的空间组合会逐渐趋于合理。因此,镶嵌式结构水平的高低是衡量城乡规划质量与系统功能效率的一个重要标准。

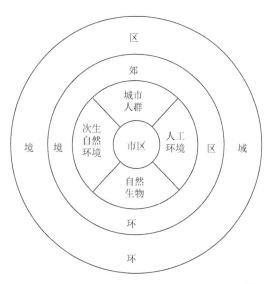

图 2-7　城市生态系统空间组合的圈层式结构[39]

2.2.4　城市生态系统的功能特点

城市生态系统具有与自然生态系统一样的四大基本功能，即生物生产、能量流动、物质循环、信息传递，通过这些功能的运转，以"生态流"的方式将城乡地域范围内的人与自然、生产与消耗、资源与环境、时间与空间、结构与功能、内部与外部环境交换等关联起来，形成以人为中心的生态系统。它不同于自然生态系统的内在运转机制，人是城市生态系统调控的操作者，以人工环境为中心的城市生态系统是全球生命大系统的重要操控者，因此城市生态系统的四大功能又明显区别于自然生态系统，具有其独特性。为了突出城市生态系统的这种特性，将其功能概括为生产、生活、生态三大功能，聚焦于城市生态系统的主要服务对象——人，其功能表现为满足人的宜居宜业需求。

1. 生产功能

城市职能决定了城市生态系统的生命力在于生产，有目的地组织生产和追求最大产量是城市生态系统有别于自然生态系统的显著标志之一。城市生产活动的特点是地域空间人工化建设程度高，物质和能源的输入量、输出量大，且物质流、能量流活动密集，主要消耗不可再生能源，"食物链"呈线状，具有单一方向性，而不像自然生态系统食物链的网状结构，因此，城市生态系统内生产活动运行的外部依赖性极高[39]。

城市生态系统内的生产活动具有部分自然属性，更多地被赋予人工属性。其自然属性特征包括生物初级生产和次级生产。

初级生产是指绿色植物将太阳能转变为化学能的过程。绿色植物是任何一种生态系统中最主要的元素，处于最重要的地位。城市生态系统中的绿色植物包括农田、森林、草地、蔬菜地、果园、苗圃等，提供粮食、蔬菜、水果等各类农副产品。与自然生态系统相比，城市生态系统的初级生产具有人工化程度高、生产效率高、品种单一、稳定性低等特点。

次级生产体现为以人为主的异养生物对初级生产物质的利用和再生

产过程，人工化的操作使营养结构简单而直接。与初级生产相关的农业生产主要依托乡村地区，重点服务城市人口，致力于满足人类生存的食物需求。由于农业不是城市的主导产业，因此城市生态系统本身生物性生产的食物不能满足居民生活的需要，必须依赖外部环境的供给。

城市生态系统内的生产活动不同于自然生态系统的明显特征在于非生物性生产具有强烈的人工属性，主要表现为物质生产和精神生产。通过物质生产满足人们物质生活必需的有形产品及服务设施，通过非物质化的精神生产满足人们的精神生活所需的各种艺术产品，而两者往往融合在一起，不可分割。城市种植大量的绿色植被，除了提供蔬果、花卉等实体产品，还需要营造优美的景观，陶冶居民对大自然的艺术情操。图书馆、博物馆、剧院等各类展馆的建设，为作家、画家、音乐家等艺术家们提供了高水平的展示平台，使其服务于大众，推进人类文明的发展。

这些物质及非物质产品服务于城市生态系统的主导者——居民，伴随着全球化的发展，某一个城市生态系统内的产品可以服务于全人类。但是，这种非生物性生产所需的物质材料消耗巨大，在满足人类需求的同时，对城市生态系统本身及其高度依赖的生命支撑系统产生了巨大压力。

2. 生活功能

在生存的基础上不断提高和发展是人类社会的本能需求，生活功能的正常发挥保障了城市生态系统的活力与魅力。城市居民的生活需求逐渐演变，除了基本的物质、能量和空间需求，更丰富的精神、宜居环境、信息需求也在增加。为城市居民提供优良的生活条件和生活环境是城市生活功能的重要体现。

3. 生态功能

生态功能是维持城市生态平衡的重要内容，只有充分发挥生态系统净化与调节环境的能力，才能缓冲和消除人类自身发展造成的环境恶化、资源枯竭、生物多样性降低等一系列负面效应。生态功能的高效发挥对于维持城市生态系统与生命支撑系统之间的动态平衡至关重要。

城市生态系统的生态功能包括自然净化功能与人工调节功能两部分内容[46]。自然净化功能是在非人工干预状态下，受污染的环境经过自然发生的一系列物理、化学和生物过程，在一定的时间范围内自动恢复到原状的能力，包括水体自净、大气扩散、土壤代谢与迁移、气候稳定等。在城市中，绿色植被物种、种植地点、面积和结构受到人类喜好、认知水平、意识形态等方面的强烈影响，其自然净化功能是脆弱而有限的，需要更多的人工参与，进一步调节城市生态系统。

人工调节功能是指通过规划、建设、管理等多种手段，减少人类活动过程中对生物多样性的破坏、制造废弃物对生态环境的危害，以及应对暴雨、滑坡、地面塌陷等自然和半自然灾害危害，通过合理布局城市空间，高效运转基础设施，提高资源、能源利用效率，推广循环经济，采用一定的法律手段和保护措施，减少资源、能源消耗与"三废"排放，加强废弃物管理，防止污染扩散。

2.3　城市生态系统的"空间"属性

城市生态系统是以人为主的生态系统，人是系统的重要操控者和创造者，人与自然生态系统、人与人之间的复杂关系通过空间进行表现，造就了完全不同于大自然的"城市"景观类型。城市是人工生态系统最直接的表现方式，是个不稳定的开放空间，对外部环境（即生命支撑系统）高度依赖，需要进行大量的物质与能量交换。城市从生命支撑系统提取维持人类生存和发展的物质，同时将城市运转过程中产生的废物和垃圾投入大自然，因此，城市与生命支撑系统之间、人与自然之间的良性互动是复合生态系统平衡的关键。

2.3.1　"空间"的特征

1. 城市生态系统中"空间"的概念

"空间"是一个抽象而多义的概念。抽象体现为"空"的特性，即空间在现实中所有事物内外的虚空，虽然无法直观感受具体的形象与状态，但可以理性认知其存在；多义主要体现在"间"的方面，即世间事物相互关系的多样性决定了空间可以在各种领域存在，如坐标关系对应数学空间、方位关系对应地理空间、等级关系对应政治空间、感知关系对应心理空间等[48]。从根本上说，空间就是用来描述与显现"关系"的概念。

城市生态系统中"空间"的研究重点是组成生态系统生命主体的各类生物与其环境系统间的空间互动关系，尤其是人与空间互动的动态关系，重点研究某类生命系统的分布模式（distribution pattern），即空间位置、范围及布局形态等方面，以及一个生态系统中各生命主体对该生态系统空间范围内空间资源的占有、利用和对系统内部空间的建设模式，强调空间与空间之间的固有组合规律。因此，城市生态系统的"空间"既表现了具体空间形态与结构，又反映了空间形态与结构形成的内在机制。

任何城市生态系统都是复合生态系统，按照空间形态可以分为物质空间和功能空间两类[44]。物质空间对应系统功能需要的地域场所，在城市建设领域通常以土地利用为基础，划分不同用地类型和相应功能区，通过实体空间组织映射系统发展功能。物质空间是人类从自然和半自然环境中汲取需求，进而从事社会经济活动依赖的空间场所。不同类型的实体空间组合交叠、不断演进，其空间结构也处于不断变化的过程中，根本原因是人与自然环境、人与其他生物种群、人与人之间的系统演进过程的动态化。

按照功能类型可以分为生态空间、经济空间和社会空间。其中，经济空间、社会空间是由人类社会创造的，是人类社会所特有的"软环境"，在很大程度上决定系统物质空间的形态与结构；生态空间是人类生存与发展必须依赖的"硬环境"，生态空间格局对自然生态服务功能具有重要影响。因此，生态空间、经济空间和社会空间既包括实体的物质空间，又具备各自独特的功能，它们之间相互影响和作用，反映了实体和抽象之间紧密关联却形态各异的特性。

因此，城市生态系统的物质空间与功能空间是相对统一的，物质空间是功能空间的基础和表现，功能空间是物质空间形成和发展的原因和目标。在生态-经济-社会复合的城市生态系统地域范围内,每一个物质实体空间承载着城市某类功能所必需的场所需求,通过一定的内在结构结成一个有机的空间系统。

2. 城市生态系统的空间复杂性

空间的基本属性是复杂性,空间复杂化问题是地理学复杂性探索的一个重要领域[49]。20 世纪 80 年代以来,地理科学的研究正由静态的、均衡的范式逐渐向一种动态演化的范式转变,开始应用复杂性科学(sciences of complexity)的理论和方法来研究和分析区域问题及其时空演化的内在规律[50],内容涉及城市和区域系统内不同层次上的结构和功能,以及在相应空间上的动态格局。

空间复杂性的基本属性决定了城市生态系统空间的复杂性。自然地理系统是复杂系统[51],因而地理空间都是复杂的空间系统,空间相互作用、网络和随机性等因素使社会经济系统显得更为复杂[52]。正如在复杂性的生态系统中,包括巨大的山脉、网状的河流、生物种群的食物链等要素自发形成的生命支撑系统,以及以人为生命主体形成的全球范围内的粮食供需网络、上下游间紧密合作的产业链和相互依赖的金融市场,各部分相互作用构成一种异常复杂的现实情况,即复杂性网络[53]。

然而,现实中的情况比我们直观的理解更为复杂些,网络的密度和体量只有保持在一定的程度才最有效,也就是"阈值"或"最优规模"并非越大越好。以交通网络为例,增加网络有时反而降低运输效率,甚至引起交通阻塞。做地理"加法"未必永远胜于地理"减法"。

城市生态系统的重要载体是城市地域,其空间范围可从城镇扩展为区域,这种空间复杂性增加了城市发展的不可预测性,进而导致城市规划与发展错位。城市和超级城市的出现和发展与预测不符,几乎无法精准规划。为何城市会有不可规划性?这个问题似乎可以通过空间复杂性的视角进行探究,需要抓住复杂性中的标度不变性和特殊性因子等特性,从空间研究的视角寻找描述复杂性本质的简化方法,用于探讨空间复杂性的特征和动力学机制,揭示城市空间复杂性的演变过程和机理。

对于复杂性研究的最重要的一个手段是数学模型,其最大目的是模拟被认识的对象,将复杂的问题进行量化处理,以期得到一个可以判断的数学依据。为此,学者们提出并发展了系统论、耗散结构理论、协同学理论、分形理论、自组织理论等研究系统复杂性的重要方法论[54]。对网络复杂性的经典理解之一是适应性。复杂系统具有随着环境的变化而自我调节的能力。适应性系统具有很多组成部分,每一个部分都能影响其他部分,并且与其他部分形成互动;整个系统则能对环境发生反应,随着环境的变化而调节自身的行为和结构。Arthur 曾经通过社会-经济现象的研究认为系统走向复杂的原因在于克服局限和适应复杂多变的环境[55]。遗传算法的奠基人霍兰德(Holland)则明确指出,正是适应性导致了复杂性[56]。

对复杂性的另一种理解是复杂性科学中的自组织临界性,强调"偶然",即意外的事件有时非常意外。复杂系统都是自组织系统,即系统的演化没有任何外力的主宰。复杂系统具有两种效应:一是多米诺效应(domino effect),部分之间相互影响;二是蝴蝶效应(butterfly effect),局部的微扰可以层层放大。SOC 系统通过自组织即内部要素的相互作用向着临界状态演进,当系统达到临界状态的时候,就会表现出复杂的雪崩(avalanche)行为[57]。由于自组织过程伴随着不可预期的偶然事件,对于复杂系统的演化机理,目前尚在探索之中。

2.3.2　功能空间

1. 生态空间

自城市形成以来,城市建设侵占大量原生环境的土地,因此原生自然生态系统与人建生态系统的关系总是带着"二元对立"的特征,形成"人建环境与自然环境"相对立的哲学理念,人建生态系统与原生自然生态系统之间总是在为争夺发展的土地(空间)资源而相互竞争。

在人本主义思想的指导下,人类通过不断学习的自然知识和日益先进的技术手段改造自然,在创造更多人建生态空间,推动人类文明不断进步的同时,大量原生生态空间丧失,自然生态系统失衡,而城市生态系统(区域城市复合系统）也成为全球环境污染和生态损失的根源。随着可持续发展理念的普及，在满足人类合理需求的前提下，如何协调人与自然的关系成为众多学者的研究重点[58]，分析生态空间的格局及其作用机制也愈发显得重要。

（1）概念

为人类聚居区提供良好的生态环境是城市生态系统中生态空间的主要功能，具体包括维护物种多样性、粮食供给、气候调节和稳定、水土保持、防灾减灾、空气和水净化、废弃物解毒与分解等。生态空间的生命支持功能为人类发展所创造的财富是巨大的，生态系统服务价值可对其进行映射：全球自然生态系统的经济效益高达 33 万亿美元/a，其中全球生物多样性的价值约为 3 万亿美元/a[59, 60]；在美洲地区，大自然每年对人类的经济技术价值贡献超过 24 万亿美元①。但是，其贡献率在不断下降，这是由于气候变化引起温度、降水变化，导致极端天气增多、环境污染、自然资源过度开采和生境退化等人类发展的负面影响日益加剧[61]。

为了应对城市化产生的生态环境负效应，创建更为宜居的城市环境，人类不断对城市生态空间进行改造和完善，增加山、水、林、田在城市用地中的比例，优化用地结构，形成以人为核心的城市社会和与以山水林田为核心的生态空间互动过程的人工化城市生态系统，维护该系统的生态平衡。

生态空间的生命支持功能主要包括维护物种多样性、调节宜人气候、提供干净水源、保持水土平衡、减少各类灾害影响，其在城市生态系统中的表现形式主要体现在如下两方面。

一方面，生态空间体现为原始森林、岩石地貌、原生湿地和自然河道等，通常为城市中的自然保护区核心区。长期的自然演化使原生生态体系具有较强的自我更新能力、自我修复能力和抵御灾害能力，在一定地域范围内发挥着改良气候、保持物种多样性、水土保持等功能，对生态系统平衡发挥着至关重要的作用。但是，城市作为受人类影响最强烈地区，其原生生态空间已经相当稀少，而其重要的生命支持功能主要依赖人建生态空间来实现。

---

① https://www.sohu.com/a/255050234_100020996。

另一方面，人建生态空间主要由农田、苗圃、生态林、湖泊水库、城市公园、道路绿地、居住区绿地等构成，主要发挥涵养水源、防灾减灾、调节微气候、净化空气、美化环境、粮食生产等生态系统服务功能[62]。人建生态空间在城市中空间分布广、规模比例大，已经成为城市日常基本生活的保障基地，是整个城市生态系统的重要基础。

城市生态空间均以绿色植物生长和水域空间为表象特征，气候、地形、地貌等非生物属性影响其格局。尽管每类空间的功能择重和生态效率存在较大差异，但是共同发挥作用，维持城市生态系统平衡和高效运作。但是，城市生态系统受人类干扰极其强烈，加之人类对生态系统认知的限制，导致城市生态空间具有植被结构简单，岛屿化、破碎化严重，空间异质性较低等明显不同于原生生态空间的特征[63]。

（2）格局

基于城市生态系统探讨自然空间格局的主要目的是最大化自然空间的生态功能，重点研究自然空间的功能网络结构。目前研究的主要思路和方法来源于景观生态学，即自然空间的基础性网络结构为斑块-廊道-基质结构。自然性和半自然性的空间是基质，城镇等人工建设的空间是异质性的斑块和廊道。这些残存斑块生态服务功能的发挥直接受制于斑块本身内在机制运转是否正常，而其正常存在状态的维持和可持续发展的能力则来源于两方面：一方面来源于斑块面积的大小（斑块面积越大，自我完善、造血功能也就越强）；另一方面来源它与外界沟通能力的强弱，强大的沟通能力（通过"换血"功能）能为斑块生长引入各类必需要素，保证斑块的肌体健康。

廊道是具有线性或带形的景观生态系统空间类型和基本的空间元素，具有沟通和阻碍的双重功能：一方面，对于廊道系统内部或由廊道所连接的空间单元而言，廊道的连通性体现在内在要素的交换和流通；另一方面，对于廊道两侧的空间而言，廊道的异质性阻隔了它们之间的要素交换和流通。通过廊道的连通，斑块在某种程度上可以突破物质空间环境的约束，不仅保证了自身的持续存在和发展，而且尽可能地发挥了有限自然用地的生态服务功能。所以，廊道在城市的自然空间格局中起到至关重要的作用，其表现形式可以是景观绿道，也可以是一条风景优美的河流，这些都取决于其重点发挥的生态功能。

2. 经济空间

（1）概念

城市建设的重要任务之一就是为人类的各种社会经济活动安排适宜的"场所"。经济作为城市生态系统的重要功能，其内在结构关系到系统主要能量流动和物质循环的内在机制。几乎每一种经济活动都有对场所的相应要求，这种需求相互作用，造就了经济空间。经济空间事实上就是一系列与经济结构相关的实体与虚拟空间的互动和分离，而经济空间结构是指这些空间互动和分离的内在形成机制。

经济结构通常分为能源结构、产业结构和消费结构三种类型，主要对应的物质空间为产业空间和消费空间，而三者对物质空间实体的影响具有整体性、全面性。能源结构与实体空间的互动因为能源传送的流动性特点而具有潜在性和贯穿性。消费结构的变化会带动相应空间需求的产生和发展，从宏观层面上决定了系统内部未来的产业类型的偏重和发展趋势。因此，它们对经济空间的形成和变化具有潜在作用机制。

（2）格局

经济增长发生在空间，受经济空间的影响，并反馈于经济增长。经济增长必然发生经济空间上的分异，经济增长过程可理解为系统内部经济空间分异的过程，经济活动、经济现象的不均衡分布是系统内经济分异的主要原因。屠能（Thünen）的农业区位、韦伯（Weber）的工业区位论、塔勒（Taller）的中心地理论、佩鲁（Perroux）的增长极理论等经典区位论探讨了经济发展模式对城市（区域）格局的影响，奠定了城市（区域）经济空间结构研究的理论基础[64]。我国学者提出的点轴模式[65]、城市对称分布理论[66]、双核结构理论[67]等进一步发展了经济空间格局理论（图 2-8）。

关于区域经济空间分异机制的研究有要素禀赋、经济活动主体、经

济空间客体、分工专业化及制度 5 个方面。大部分学者将区域经济空间
分异归结为要素禀赋的空间分异，也就是说区域经济空间分异主要源于
影响经济活动因素的空间异质性或非均质性[68-71]。但是，针对这一论点
尚存在分歧：一种观点认为要素禀赋的空间分异是区域经济空间分异的
必要条件；另一种观点则认为要素禀赋的空间分异是区域经济空间分异
的基础条件。

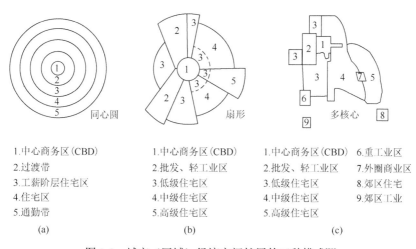

1.中心商务区（CBD）　　1.中心商务区（CBD）　　1.中心商务区（CBD）　6.重工业区
2.过渡带　　　　　　　　2.批发、轻工业区　　　　2.批发、轻工业区　　　7.外圈商业区
3.工薪阶层住宅区　　　　3.低级住宅区　　　　　　3.低级住宅区　　　　　8.郊区住宅
4.住宅区　　　　　　　　4.中级住宅区　　　　　　4.中级住宅区　　　　　9.郊区工业
5.通勤带　　　　　　　　5.高级住宅区　　　　　　5.高级住宅区
　　　(a)　　　　　　　　　　　(b)　　　　　　　　　　　(c)

图 2-8　城市（区域）经济空间扩展的三种模式[72]

3. 社会空间

（1）概念

社会空间是系统功能空间的一种，主要反映系统内部的各种社会关
系。在城市生态系统中，人是生命的主体，人与人之间的社会关系形成城
市生态系统的社会空间，也就是说，人类在生存、生产、生活中结成各种
社会关系，这种社会关系作用于实体空间，从而使实体空间具有社会性，
进而形成感知的空间（perceived space）、构想的空间（conceived space）
和生活的空间（lived space）。

"社会空间"概念的重要奠基者勒菲弗（Lefebvre）指出社会空间的
特殊性，认为空间是社会化行为的发源地，资本与区域空间所产生的都市
化建设环境与组织机构把空间塑造为社会的"第二自然"[73]。苏贾认为人

们在城市空间中生活和工作，逐渐对环境施加影响，尽最大的可能调整和修改它，以满足人们的需求，实现人类的发展价值[74]。迪尔（Dear）和沃克（Wolch）指出，正是由于人类在生产、生活中结成各种社会关系，作用于实体空间，使实体空间具有社会性，形成社会空间[75]。布尔迪厄（Bourdieu）通过对住宅布局和空间象征意义的研究，发现空间中的事物或场所的客观化意义只有按一定图式予以结构化的实践活动才能完整地显示出来，而实践活动的结构化所遵循的图式又是根据这些事物或场所来组织的[76]。

社会空间既有抽象的感应属性，表现为邻里关系、职业地位、文化制度等方面，又有物质的具象属性，通过物质空间反映各种社会关系，如廉租房、高档小区、高档娱乐场等。前者是后者的内在机制，后者是前者的行为体现。人类通过社会行为对物质空间加以利用，而具有不同社会属性的人利用物质空间的方式存在差异，导致某些实体空间被特定社会群体占据，并存在一定的排斥其他人使用的现象，但其社会性由其使用者的社会性所赋予，社会关系结构对物质实体空间的具体形态与组织结构有着必然而深远的影响。

（2）结构

某一社会空间通常是由具有同样生活水平、生活方式和种族背景的人组成的社会区域，即生活在某种类型社会区域的人，他们具有独特的价值观、行为方式和语言，与另一种社会区域生活的人区别开来；而具有不同社会属性的人利用物质空间方式的差异导致了社会空间分异。

社会空间结构探讨的是地理空间与政治空间之间的关联及空间与阶级之间的复杂关系。社会空间结构的研究，最初是由城市社会居住空间的分离现象引发的，现在对社会空间结构的研究主要集中于以下几个方面：各种人群日常生活的社会空间系统、社会空间系统的人类生态学根源、社会空间基础的物质性要素和非物质性要素之间的作用机制、各种社会现象的社会空间结构模式。社会空间结构可以分解为社会组织空间结构、社会文化空间结构、社会生产空间结构等。

社会组织空间结构是与社会组织相关的空间互动与分离的结果，受经济地位、文化传统、种族关系等方面的强烈影响，且与土地价值规律密切相关。其中，最为突出的表现之一为城市居住社区分布具有明显的同心圆式或扇形空间模式；越靠近市中心，土地价值越高，服务设施配套越丰富，家庭规模越小。

社会文化空间结构表征与人类意识形态相关的空间互动与分离，空间意蕴不同从而产生空间互动和分离，如西方广场具有的开放、自由、交流的社会空间内涵，使众多与这些特性相关的人类活动都向广场周边聚集；"丁克"家庭重视生活品质，大部分倾向于居住在城市中心区周边，喜欢有健全服务的小型公寓等；中国居住社区的绿化配套和管理封闭性与社区居民经济收入和社会地位在一定程度上呈现正比关系。

社会生产空间结构是科学技术发展所导致的空间互动与分离机制的体现，与人们的"就业-居住"行为模式密切相关，因为现代城市规划建设强调功能分区，不同产业的空间分离造成从业人员聚居区的随之分离，而这些物质空间建设也因为主导人群的特点而具有不同的空间组成要素和形象特色，如相对集中的"高校区"或"大学城"周边，通常聚集国家实验室、图书馆、信息库、体育场馆等高质量的社会服务设施；同时，这些空间也汇集了各种产业的研究开发和推介机构，如研究院所、设计院、试验工厂、鉴定咨询事务所等，就像硅谷依托于斯坦福大学、加利福尼亚大学、圣塔克拉拉大学等美国顶尖大学，中关村依托北京大学、清华大学和中国科学院等中国高等学府和科研机构，独特的区位、高效的人才输入和独特的设施云集，使这些地区具有强大的社会经济实力和服务水平。

一种特定空间的存在是由于其履行了某种重要的社会功能。随着城市（区域）规模的增大，众多社会属性差异巨大的人口使各类社会空间变换层出不穷，各种社会变化使社会空间的距离梯度加大，物质空间形态也随之变化，形成许多新的社会空间单元，组成区域内景象多变的社会空间"马赛克"式镶嵌图。

2.3.3　物质空间

在城市生态系统中，物质空间是所有"城市内涵"的容器[76]。生态系统的生命主体依托物质空间进行生存和繁衍，满足生命主体对居住的需求，即"栖息地"需求；同时，自然-经济-社会各子系统之间通过物质、能量与信息的流动促使物质空间提供各类生产活动的场所，满足主体"活动场所"的要求[77]。因此，物质空间体系的形成与发展所受的制约因素较多，不仅这些制约因素本身具有复杂的内在机制，而且各个因素之间的相互作用和影响关系也十分错综复杂。为了满足众多因素的空间需求，物质空间体系必须具有相应的丰富度和多样性，并在此基础上承载各类功能，与产生需求的各个功能子系统（自然-经济-社会）发生内在的有机联系，发挥城市生态系统的相应功能。

1. 空间组分

从土地利用开发的视角，以城市生态系统的物质空间属性为基础，将其划分为自然空间和建筑空间两大类。

（1）自然空间

自然空间是指城市生态系统中各种保持着自然形态的物质空间，主要表现为原始状态的自然土地（自然保护区、尚未开发的原始地貌区）、半自然状态用地（人工干预后的林地、耕地、草地、水域等）和人建自然状态用地（农用地、城市绿地、景观游憩场所）。这些自然空间依托于城市区域范围内具有透水性的土地，发挥着生态服务、游憩和景观等功能。

1）原生自然空间——为促进城市生态系统健康发展，维持物种多样性、水土保持、气候调节等功能而保留的生态敏感地、孑遗原生生境所必需的物质空间。

2）半自然空间——以原生自然系统为基础，通过人工干预和管理，以充分发挥自然生态服务功能为目的，提供半自然生态系统正常生长、演替所必需的物质空间。此外，半自然空间还包括半自然景观游憩空间，它是以原生自然系统为基础，通过人工管理与建设，为市民提供亲近自然场所必需的物质空间。

3）人建自然空间——这类空间承载着人类生存、生活所必需的粮食供给、小环境改善、健康需求等物质文明和精神文明发展功能，包括种植粮食和果蔬的农业用地空间，用于安全、卫生、防风等的防护型自然空间，丰富城市景观组成、协调人与自然关系、提供各种游憩场所而建设的景观绿地和游憩空间。

这些自然空间承载着人类及其他动植物生存和生活需求，为生命主体提供健康的空气、水源、食物，以及丰富多样的活动空间。随着人类社会性的增强，人类对景观绿地的需求程度进一步增加，进而引发自然和半自然保留地空间减少、景观空间的结构过于单一、人的参与性降低等问题，从而造成城市生态系统内部的运作效率下降、环境质量降低、人类的生存受到威胁。因此，自然空间的管理和建设应以维护系统生态安全格局和生态平衡为主，保护区域性的生态资源，并在此基础上建设"以人为主，为人服务"的生态空间。

（2）建筑空间

建筑空间强调物质空间形态的非自然特性，是通过人类对大自然进行巨大改造而形成的人类聚居区和活动区[77]，其基本构成单元为楼房和基础设施（如道路、排水管道、电力管线等），所以该空间可称为工程空间。建筑空间与自然空间相结合，通过楼房、道路及各类自然空间组合成各种建筑群、组团、功能区、城市、城乡复合体及城市群，以满足人类的生存、生产和生活需求[72]。因此，建筑空间是直接为人服务的一类物质空间，是承载人类活动的主要场所。建筑空间内部及其与自然空间的结构关系是城市生态系统平衡的关键。

1）居住空间——保障人类种群繁衍生息的物质空间。人类源于自然，人类文明发展出社会，适宜的居住空间一定是充分体现人的自然与社会属性的，能够营造人与自然交融的意境。

2）商业、服务业空间——在城市生态系统中为保证人类生存而进行的各种产品和服务交换的一类物质空间，"交换"是联系城市生态系统内部各子系统间的一种纽带。随着现代城市生态系统中的交换日趋复杂，该空间功能的重要性随之提升，其中金融、信息两大类型功能逐渐主宰整个系统的"交换"发生，进而使该空间成为城市生态系统的核心物质空间。

3）物质生产空间——为保障人类生存而进行各种具体产品生产的物质空间。它是城市生态系统脱离农业生态系统成为独立生态系统之后，所主要承担的系统分工运作的基本空间需要，因此它是现代城市生态系统存在和发展的基础。

4）社会文化空间——人类实现"社会化"生存所必需的物质空间。在城市生态系统中，除了"交换"这一重要纽带外，另一种重要纽带就是人与人之间的关系——以"交往"为基础的人类种群社会组织[78]，主要包括实现行政管理的政治空间、对人类进行教育和培训的教育空间、实现人与人交往的开敞空间、进行文化交流的文化空间等。社会文化空间的功能丰富多彩，物质形态具有特色，而且由于该空间是人类精神财富聚集的场所，因此成为城市生态系统中物质空间的精华。

5）交通运输空间——实现人和物的空间转移所必需的物质空间。城市生态系统中各种传送都在某种程度上依赖于交通运输活动，各种物质空间单元必须与交通运输空间产生一定的联系，才能发挥其他物质空间的各种功能，所以交通运输空间在客观上具备整合其他各类物质空间的功能，成为城市生态系统建设的基本框架，因此，道路交通系统就成为整个城市生态系统依托的物质实体空间的内在结构[79, 80]。

6）市政基础设施空间——在城市生态系统中，为维持系统平衡，保障能源传递、信息扩散、特殊物质循环及人类种群安全所必需的物质空间。城市空间规模不断扩大，导致城市生态系统的外部依赖性极高，复合系统稳定性降低，而市政基础设施是减缓这种物质、能量不平衡交换的一种重要载体，城市规模越大，基础设施建设的迫切性越强。一方面，城市的运转依赖大量自然资源，如水、天然气、石油等，所以仅仅通过道路交通体系难以应对城市的需求，需要开辟专门的资源传输路线，将资源从开发地高效运转到城市；另一方面，城市的过度需求和快速发展制造了大量废弃物和垃圾，造成环境污染、水土流失、滑坡等灾害，这些已经超出了自然系统的原始代谢能力，必须人为强化资源的回收与可再生性。市政基础设施应运而生，尽管其常隐于地下，在物质空间形象上并不显眼，但是其重要的功能使之成为城市发展的基础，具有不可替代性。

2. 结构特征

城市生态系统的物质空间包括自然空间和建筑空间，空间形态是指系统内部各种类型空间及空间组合本身的规模、形状和结构关系，针对的是系统中客观存在的具体空间。对物质空间的研究不仅包括对空间特征的描述、空间建构要素的分析，还包括对空间格局的构成原因与构成逻辑的揭示，其生态化的过程必然是以其要素的完善、组织结构的变革和人与自然关系的不断优化为根本。

（1）水平格局的镶嵌性

城市生态系统在二维空间（水平面）上具有与自然生态系统类似的空间形态，呈现不均匀"斑块"相间的分布格局，这种表现性状被称为镶嵌性。这些"斑块"都是一些具有相对清晰界限的小生境，但是，城市生态系统的镶嵌格局仍与自然生态系统不同，具有突出的层级特点，主要表现为不同地理尺度下的空间镶嵌性。

首先是自然空间和建筑空间的大镶嵌格局。城市的空间骨架往往依赖于山水，即区域性的自然地理地貌，因此，城市的自然空间通常打破行政边界，影响着建筑空间的总体形态，形成建筑空间镶嵌于自然之中的大镶嵌格局。

其次是分别在自然空间和建筑空间范围内形成的次一级镶嵌结构。原生自然资源空间分布具有绝对的异质性，均匀性只能是相对的，自然环境因子的不均匀性导致了自然空间内部的镶嵌格局。

同样，在建筑空间中，即使人类具有极其强大的自然改造能力，按照人类本身的意愿建设城市，城市在发展共性的基础上仍体现出差异性，自然环境因子可利用度不均匀、不同民族的喜好差异、政府的管理目标差异、产业发展的独特性，以及社会需求、土地利用模式和空间建设的多种多样，使建筑空间的类型十分丰富，因此形成了不同的建筑空间形态，常被描述为城市形态，如带形城市是指建筑空间的分布格局呈"条带状"，星形城市是指建筑空间呈现"发散式"分布格局，有机疏散城市则指建筑空间分布呈"不规则散点状"。城市的多样性和空间异质性，表征了建筑空间强烈的镶嵌特性，随着人类社会的发展，城市空间形态丰富度还会不断增加。

（2）垂直格局的成层性

垂直格局的成层性是分析自然生态系统空间形态的一个概括性定义，它指在自然生态系统中，不同生物各自占有一定的空间，表现出沿空间垂直方向划分为条带的分布特点。这种现象是物种在环境因子主导下，通过竞争，按资源特点取其所需而形成的。

空间格局的"垂直成层性"也同样适用于城市生态系统，常用城市空间的"立体化"加以替代。城市生态系统在宏观层面上由建筑空间和自然空间两种性状迥异的"斑块"镶嵌而成，这两者都会有相应的成层现象，但是成层的机制却十分不同。

自然空间立体成层性的构建机制主要表现为原生生态系统经过漫长的演进形成的成层性，如不同时代地层岩性具有典型的垂直成层性，水资源从天空向地下分为气态水、地表水、地下水等。

建筑空间成层性的"立体化"重点指人类通过空间建设形成的分层现象，反映了不同人类活动沿着空间垂直方向的差异性。成层性最直观影响要素有两个：其一是人口密度，这是城市空间立体化发展的根源，人的大规模聚居使人们力图通过开发、建设，得到更多的空间资源，建筑"立体化"发展，突破平面土地资源的局限性，所以在人口越密集的城市生态系统中，城市空间"立体化"状况越发达；其二是城市生态系统空间建设的"立体化"，这与人类经济发展水平、科学技术水平和社会文化水平密切相关。"立体化"修建行为要耗费大量的资源，城市越发达，越有实现立体化的可能；科学技术水平越发达，可能达到"立体化"空间建设程度越高；人类种群的生活习惯与风俗关系到人类对于在空中或地下开展各类生产与生活活动的接受程度，社会主流文化影响人类对不同高度居住空间的诉求。

建筑空间的成层性是由人类主导的。自上而下的一般叠加规律为：顶部开放空间（如屋顶花园或运动休闲场所）→特殊公共活动空间（如为内部人员服务的辅助设施或者为特殊少数人群服务的公共设施）→个体或小群体活动空间（如居住或办公）→公共活动空间（如商业）→地面开放空间和交通转换空间→交通和基础设施空间。

分层的形成机制主要有以下几种：①相应活动对公共交通体系的依赖程度。由于目前城市生态系统交通方式主要依赖地面，交通空间主体分布于地面层，所以与交通联系密切的活动空间通常靠近地面，联系不怎么密切的活动空间就可以适当地处于远离地面的层次。②自然资源和人文资源在不同层面的资源分布特点不同，导致有不同资源需求的活动会分布在相应的层面上。如羌寨中需要充足的日照和通风活动，因此晾晒、粮食储存位于建筑的顶层；人气对于商业活动而言是一种特殊的资源，交通便捷与舒适对于汇聚人气至关重要，所以商业设施往往分布在交通转换点密切的层面上。③某种活动涉及人群规模的大小。少数服从多数，便捷的层次首先由多数人需要的空间占据，所以大量人群共同的公共活动空间位于靠近地面的层次。④分散服从集中。集中性的活动所需的空间往往有疏散的特殊要求，因此往往要靠近地面的层次或者交通转化点。⑤某种活动与其他活动的相互关系，相关活动一般都位于接近的层次。

分层性是在高密集情况下，建筑空间的一种相对固定的组合方式，它会随着一些特殊因素的变化而变化。例如，某些行政手段干预会打破既定的分层规律，如果现实中的分层不符合客观规律，一旦行政约束力消失，它就会逐渐恢复符合客观规律的分层，前提是该空间的物质支撑体系可以适应相应活动的空间需要。

（3）整体结构的网络化

城市生态系统中，自然网络化形态的典型代表是水系，这是由水的流动特性造成的[81]。人工网络化空间则有许多，如道路系统、电力系统、电信系统、给水系统、排水系统等，它们的共同特点也是形成具有连通性能的网络系统。这些网络空间与其他镶嵌斑块相叠加或者相沟通，塑造了更高级、更复杂的网络化空间格局。

城市生态系统网络化的根源：其一在于城市生态系统内部的自然生态系统和人工生态系统之间存在高度的流动性，城市是对自然高度依赖的开放系统，必须从外部输入大量的物资、能源，这种交换总量是极其巨大的，自然生态系统那种借助自然媒介（空气、水）和生物调节反馈机制已经不能满足城市生态系统运行的需要，因而导致城市生态系统内部流通的复杂性；其二，城市中各种交互活动的特殊需求是空间特化的动因，在需要推动下城市的能量传递、物质循环、信息传播逐渐形成体外化、渠道化的机制。这种机制较好地适应了城市快速发展的需要，也逐渐建立了专门的"通道"空间体系。这些不同的空间体系交织为各种类型的网络形态，成为城市生态系统的一大特点。

目前，衡量系统网络化的最重要的研究方法是"连通性"和"分形"[82]。连通性是从表面结构上描述景观中各单元之间相互联系的客观程度，通常用来表征景观单元的连通性和道路网络的通达性[49]。分形是大自然的优化结构，在自然系统内，最早开展的是水系分形研究[83-85]，从霍顿（Horton）定律出发，推导出河网分维公式（包括河流长度、流域面积、河网密度、河道分支比等参数），确定河流结构等级[86, 87]。在人工系统内，分形城市研究最引人注目，对于城市形态的分维，通常有三种测算方法：其一是面积-周长关系法，其二是盒子计数法，其三是面积-半径关系法[49]。无论采用哪种方法，在目前的研究中，城市形态的分维围绕 $D = 1.71$ 上下波动，但是迄今为止，$D = 1.71$ 仍是一个经验性数值（图 2-9，图 2-10），其理论基础尚不明确[88]。

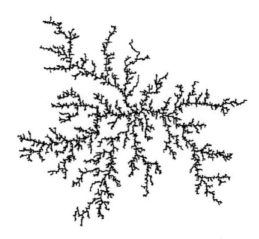

图 2-9　基于受限扩散凝聚模型或电介质击穿模型模拟的城市形态分维图示[49]

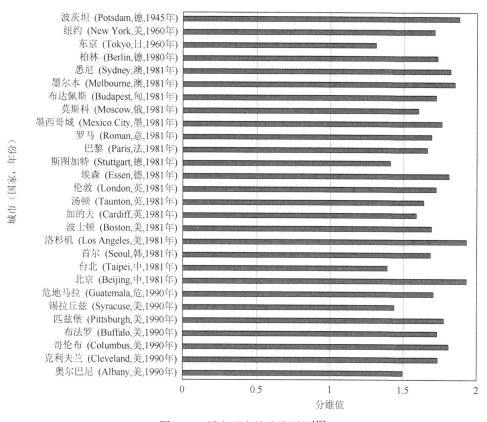

图 2-10　城市形态的分维举例[49]

2.3.4　物质空间类型与功能空间类型的对应关系

物质空间是城市生态系统中各类功能的载体，是自然-经济-社会各子功能协调、健康运行的纽带，每一类物质空间在维持系统平衡方面都发挥着重要功能。同时，每一类物质空间都不可能独立存在，必须与其他物质空间相互依托，才能保证其自身所承担的系统功能。因此，城市生态系统中物质空间与功能空间有着复杂的对应关系。为了更好地厘清这种关系，本书从横向和纵向两个层面进行梳理：横向层面（类型对应），协同重点在于不同物质空间之间的功能配合与城市用地的对应；纵向层面（层级对应），协同重点在于物质空间如何配合社会组织与管理的层级特点，满足不同层面的人类需求，以及协调人类社会与原生生态系统之间关系（表 2-1）。

表 2-1 城市生态系统物质空间类型与功能空间类型的对应关系

物质空间类型			功能空间类型		
一级子空间	二级子空间	用地类型	生态空间	经济空间	社会空间
自然空间	原生自然空间、半自然空间、人建自然空间	林地	★★	☆★	☆★
		水域	★★	☆★	★★
		草地	★★	☆★	☆★
		未利用土地	☆★	☆☆	☆☆
	人建自然空间	农田	★★	★★	☆★
		养殖空间	★★	★★	☆★
		防护绿地	★★	☆☆	☆★
		公园绿地	★★	☆☆	★★
建筑空间	居住空间	居住用地	☆★	★★	★★
	商业、服务业空间	商业金融用地	☆☆	★★	☆★
	物质生产空间	工业用地	☆☆	★★	☆★
		仓储用地	☆☆	★★	☆★
	社会文化空间	行政办公用地	☆☆	☆☆	★★
		文体娱乐用地	☆★	☆★	★★
		教育科研用地	☆☆	☆★	★★
		医疗保健用地	☆★	☆★	★★
		特殊用地	☆☆	☆☆	★★
	交通运输空间	交通	☆☆	★★	☆★
		广场	☆★	☆★	☆★
	市政基础设施空间	市政公用设施	☆★	☆★	☆☆

注：①★★表示对应关系极强，是该物质空间形成的主导型功能空间；☆★表示有一定的对应关系，对该物质空间形成有一定影响；☆☆表示对应关系较弱，对该物质空间形成影响较小。②本表的用地类型采用《土地利用现状分类》国家标准进行一级用地类型划分。其中，针对一级用地类型中的城乡、工矿、居民用地和城市绿地进行细分，以总体规划计入城市用地平衡表的用地类型为物质空间类型划分的基础，另外结合控制性详细规划中的用地类型"中类"，增加了部分在城市功能发挥中具有重要作用的物质空间类型

1. 要素的对应

物质空间是多种自然要素和人工要素组成的综合体，包括沙漠、森林、河流、湿地、建筑等，每一种要素都有其对应的功能，为生态系统运转提供其特定服务价值。这些要素经过不同空间组合之后，其综合功能也发生相应改变，这也是目前研究的热点问题之一。

2. 类型的对应

生态、经济、社会子系统活动开展的每一种功能空间都通过一定的内在结构形成一个有机的空间系统,但这三类功能空间与具体物质实体空间单元并不是简单的对应关系。在城市建设中,每一阶段的物质空间必须被赋予相对明显的边界,并在一定程度上突出某种系统功能。因此,以功能为主导的、不同类型物质空间的建构是进行空间对应的有效手段。通过这种空间对应的梳理,可以更好地满足系统活动的空间需求,提高整个系统的运转效率。

3. 层级的对应

物质空间层级性结构形成的原因是功能空间的层级性,也就是说,城市在不同层面上的功能空间整合规律不同是物质空间结构分化的主要原因。

生态空间与城市所在地原生生态系统的层级结构相关。生态功能空间虽然表现出复杂而且不规则的支离破碎形态,但是在高度复杂的表象之下,它却具有以层级为基础的、几何状态的系统性自相似现象,即分形,描述了许多不规则和支离破碎的形状,生态空间"基质—斑块—廊道"的层级式分形结构贯穿在物质空间体系构建的各个层面之上,如广东的绿道建设将乡村的自然景观基质引入到城市中;美国波士顿的"翡翠项链"项目将公共公园和公园道路系统进行结合,形成线性公园体系。

经济空间形成根源是人类的需求,而人类需求是具有层级性的。研究表明,人类需求可以划分为生存—安全—性—交往—尊重—自我实现等 6 个层级。前 3 个层次属于"生物人"的基本需求,如果不能满足这 3 个层次的需要,人类种群无法实现正常繁衍。后 3 个层级属于"社会人"的需求,对这些需求的满足程度对应着人类文明的发达程度,越是文明的社会越能够满足更多人的更高层次的社会需要。人类需求层级的金字塔结构决定了经济空间的层级性,即低层级需求是高层级需求的基础,层级之间不能跨越,一个层级的需求得不到充分满足时,不可能产生下一个层级的需要,这种需求在物质空间得到满足,造成了经济空间的分级。硅谷的发展体现了高等级经济空间的形成和集聚。

　　社会空间与人类的社会层级组织结构相关。城市生态系统中一个特定空间特征的存在是由于其履行了某种重要的社会功能。在社会空间层面，其组成的多样性使得城乡充满不同"社会风情"的空间形态，但是，在某个特定区域中仍然具有一定的"主导"风格，这种风格就是由相应社会空间等级所决定的，也就是说，由该地区的"统治阶层"或者"主导阶层"的需求决定的，其根本原因是不同阶层公民参与城乡管理的差异。当人们在等级体制中上升到更高层时，其政治参与率会增加，且社会层级较高社群的意志在越大规模、越高层次的物质空间形态结构的搭建中体现越充分，如高档社区居民参与社区管理的程度明显高于普通社区；经济发达地区公众参与地区管理的程度更高。随着信息时代的到来，信息的获取、传播、交流与共享成为人们日常生活中必不可少的组成部分，但是，对于社会地位较低的弱势群体而言，仍缺乏关键信息获取与利用的有效方式，仍需推动公共信息援助事业朝着应用性、包容性和均衡性方向发展。

2.4　生态空间理论

　　追溯空间生态学的发展，最早源于生物学中针对捕食动态的研究，认为捕食者-猎物的共存只有在一个复杂的且通过缓慢扩散联系的不同斑块所形成的异质性生境中才能得以维持。麦克阿瑟（MacArthur）和威尔逊（Wilson）的岛屿生物地理学也促进了空间生态学的发展，认为人类的扩张导致了曾经连续的生态系统的破碎化，最终导致物种的灭绝；且破碎生境中物种受威胁的程度与生境破碎的空间格局密切相关。麦克阿瑟和威尔逊的观点激起动物保护学者对空间过程方面浓厚的兴趣[52]。随着日益严重的生物多样性丧失，人们注意到空间在探讨地理隔离、扩散动态、有效种群大小等问题的重要作用，尤其是有关生物入侵的速度与空间格局的关系更是受到自然资源管理者的特别关注。而其他一些概念性的问题，如多样性矛盾的引入，也对空间生态学的发展起到一定的推动作用[20]。进入20世纪90年代后，异质种群生态学和景观生态学的进一步发展使空间理论研究的方法更加完善[89, 90]。

　　"斑块-廊道-基质"模式来自景观生态学，是当前公认的土地利用空间格局基本模式。福曼（Forman）教授和戈德龙（Godron）教授在观察和比较各种不同景观的基础上，认为组成景观的结构单元有三类：斑块、廊道、基质。基质代表景观或区域的最主要的土地利用系统，斑块意味着土地利用系统的多样化，廊道意味着土地利用系统之间的联系与防护功能[12]。

　　景观生态学的学科根本是自然界的空间异质性，承认空间等级理论和空间镶嵌体格局。空间等级理论是景观结构理论的重要组成部分，认为景观是由不同时空尺度上一系列的等级格局构成的，而这些不同时空尺度上的景观格局又是过程变化速率的等级反映。大量的自然和人为干扰既可维持原有的景观格局，也可使之发生变化，进而在一定的时空尺度上产生新的景观格局。因此，景观可以被看作是处于不断变化中的斑块的集合，每一斑块都反映了它们不同的干扰历史，这就是所谓的景观"镶嵌体"[91-93]。镶嵌景观是不同斑块按一定统计学规律组成的集合体，镶嵌体的斑块数量越少，变化性就越大，不可预测性也随着增加；组成景观的斑块数越多，景观动态变化趋势相对越容易预测。尽管该类研究的目的在于揭示景观动态变化的机理，预测变化趋势，但随着人类对土地利用干扰强度的增加，气候变化、环境污染等外在不可控因素的增强，景观空间构成越复杂，景观动态变化特征及演化过程越难以预测。

　　"斑块-廊道-基质"模式是景观或区域土地持续利用的基本格局，这一模式有利于考虑景观结构与功能之间的相互关系，比较它们在时间上的变化，并将景观结构与各项功能的关联机制采用具象的载体显现出来，为具体而形象地描述景观结构、功能和动态过程变化提供了一种"空间语言"。

　　生态空间的概念正是在这样的背景下提出的，是对景观生态学的聚焦和推进。生态空间研究的核心是对生态系统空间关系进行探讨，主要包括尺度、镶嵌动态、空间格局和功能变化等[10, 20]。在此基础上提出的生态空间理论强调自然界异质性、等级结构性、局部随机性，代表着结构、功能、动态尺度依赖性的新生态学范式，体现了当代生态学研究从微观走向宏观、从定性走向定量的进展趋势。

生态空间变化与生态过程之间存在双反馈作用。生态空间格局总是在不断变化，每种空间结构都是生态功能的表现，而生态功能又需要空间结构作基础。空间结构是指内部各要素相互作用的秩序，空间功能则是指整体对外界的作用，因此一定的空间结构应有相应的空间功能，而空间功能在各个结构单元间产生复杂的关系，每个结构单元皆有特殊的发生背景、存在价值、优势、威胁及必须处理的相互关系[94, 95]，生态空间规划则需要对这种结构与功能进行判定和权衡。

在生态空间理论的发展进程中，主要产生了三类空间模型。首先是单物种的莱文斯模型，它描述了不连续生境中单物种的生长动态，指出即使是在平衡状态下，物种也不可能将生境完全占据，而是呈现一种聚集的分布状态[96]。尽管莱文斯模型在空间上是不明确的，但该模型及其衍生的其他模型，在揭示空间对认识单物种动态和多物种相互作用上却显现出重要的作用。然后是元胞自动机模型[97]，它适用于研究空间过程对群落动态的影响，如研究两物种共存的可能性，干扰对群落结构的影响及局域种群迁移对时空格局的影响[98, 99]。最后是反应-扩散模型，它成功分析了同质环境中种群密度空间格局的形成和变化动态，显示了生境的大小和形状对种群生存力有重要影响，指出生境的周长面积比影响着物种在生境边界的扩散，若生境太小，扩散在周围环境中的物种损失较大，超过了生境内部的种群生长，从而导致种群下降，甚至消失[100, 101]。

近 40 年来，空间"梯度"概念逐步被重视，空间和空间异质性在不同空间尺度下的发展理论与测量技术应运而生，产生了许多生态空间理论模型，但却难以将空间理论与现实世界联系起来。于是学者们提出了空间模型的研究方向、实践应用方法与检验标准。研究方向主要包括：战略模型与策略模型或简单模型与复杂模型，机理模型与描述、统计模型，混沌及随机性，灵敏度分析与不确定性分析，以及预案研究与空间模型的比较应用。在实践中，评价空间理论的标准尚未达成一致，许多空间景观问题都是难以验证的，因为许多事件都是偶然性的。但是学者们仍在检验标准方面不断进行探索，主要涉及两个方面：其一，模型的参数化及其预测结果的数量化；其二，预测结果可在不参考某一具体模型的情况下而被检验。

这两类检验标准并没有被广泛采纳，因为许多检验经常具有模糊性，对于模型结果是否代表现实世界，或仅是检验尺度下的一种假象等问题仍然不清楚，但是，现实世界中可重复性、统计指数及尺度等问题至关重要，影响着空间理论在实践中的有效运用。

传统生态学认为，空间在某种程度上是均质的，生态作用在空间上也是均匀分布的，即所有物种个体都能"看"到一个"平均活动范围"。这样，在假定生态系统为同质的情况下，其动态变化过程就可用平衡模型来解释，而空间异质性则显然成为多余。但在近年的研究中，空间异质性广泛渗透到生态学研究的各个方面。例如，一个区域的物种多样性可能与生境异质性紧密相关；种群动态及捕食者与被捕食者的关系在异质性生境中可能更稳定、更持久；蔓延性干扰（如火和疾病）的传播可被不同斑块所改变等，都是在承认空间异质性的前提下产生的。而且，在生态模型中引入空间维度以后，即使在相当均质的景观中，不但可以产生空间异质性，而且生态过程的空间差异特征也足以促使景观新格局的出现。

近年来，有关空间异质性的研究主要集中在以下三个方面。

第一，斑块镶嵌理论的发展。该理论重点对镶嵌于相对均质背景（景观中的基质）上的斑块动态变化与在假定了空间异质性的模型中所产生的动态变化进行比较研究，而源-汇模型、复合种群理论等也都是在该理论的基础上发展起来的。

第二，空间变化对景观格局和生态过程的影响。目前，很多研究只关注景观格局几何特征的分析和描述，而忽略了对景观格局意义或含义的理解。这种趋势因数字化景观数据的容易获得和应用 GIS 进行景观指数的快速计算而日趋严重。而景观格局的含义或意义，只有以生态过程为背景进行考察时，才能够显示出来。例如，生境破碎化的发生，一些物种可能会受到负面影响，而另外一些物种则可能因此而兴盛，有些物种也可能不受影响。这意味着景观格局在景观生态学中是一个解释性参数，在进行测定之前首先明确要解释的问题是什么。因此，将景观结构和生态过程相结合进行细致的格局分析，也许才是景观格局研究未来的发展方向。

第三，斑块动态的研究。生态系统被看作是由一干扰产生的斑块所构成的镶嵌体，斑块动态理论强调斑块的空间格局及其相互关系随时间的变化。例如，1988 年美国黄石国家公园发生的火灾，不但影响斑块的形成和位置，而且影响斑块内部后来群落的变化和草食动物对镶嵌变化的响应。由于黄石公园中的干扰斑块很大，以致在很长时期内各类斑块的混合未能平衡；相反，在较小的时间或空间尺度内产生的干扰则会使得景观内斑块的分配达到平衡。

2.5 城市生态空间的界定

2.5.1 空间定义

通过上述分析，从城市生态系统的属性、结构及功能等方面理清脉络，将发挥重要生态功能的地理空间进行提取和抽象，梳理出城市生态空间的概念：在一定地域范围的城市生态系统内，以环境净化和生态调节为主要地域功能的物质实体空间即生态空间。城市生态系统内的生态空间应具备以下条件。

1）生态空间是物质实体空间，分布于城市生态系统范围内，其表现形态主要是不透水面。

2）生态空间的类型多样，既包括原生的自然空间，如原生态森林、河流或小溪、草原、荒漠等，也包括人造的自然空间，如花园、公园、农场、水库等。

3）生态空间是功能空间，承载着生态、社会、文化、经济等多种功能，其中气候调节、水土保持、水循环、环境净化、生物栖息地及食品生产等维持生态系统稳定性与改善环境的生态功能是其主导功能；生态空间与非生态空间之间进行大量的物质输送与能量流动。

4）理想的生态空间应是一个绿色网络，有适于动植物生存的大面积绿地基底、便于生物迁徙的廊道，以及适于人类游憩的生态场所，形成点-线-面交错的网状形态。

5）理想的生态空间应是一个人地关系高度协调的地方，不仅维护人类健康发展，而且鼓励人类在自然环境中进行生产和娱乐，是人类可持续发展的直接载体。

城市生态空间的规划与建设将是人类社会科学规划的最终成果，反对城市无序的扩张和千篇一律的形态，提倡建筑与自然的融合，保持城市中美妙的自然景观，形成具有独特山水景观的生态城市。

2.5.2　空间要素

生态空间投影到二维物质空间为基于土地覆盖的生态用地，是指为了改善和提高城市中居民的生活质量，保护重要的生态系统和生物栖息地，将城市生态系统稳定在一定水平所需要的土地。

这里的生态用地界定为土地中除去城市建设用地之外的地区，包括各种原生自然斑块和人建自然斑块，表现为各类天然和人工植被、各种原生地貌，以及各类水体和湿地，是城市内部和城市外围整体生态环境最主要的组成部分和最重要的生态实体。它们不断同外界进行物质和能量交换，从而影响和改造区域生态环境。

2.5.3　空间尺度特征

尺度选择是生态空间研究的起点和基础。尺度选择的不同，可能会影响生态用地演变的过程及其相互作用规律，进而影响生态空间格局和相关理论在规划中的应用实践。按照目前的研究结果来看，主要包括生态学尺度、景观生态学尺度和城市规划尺度。

1. 生态学尺度

生态学尺度可分为组织尺度和时空尺度。组织尺度是指由生物个体到种群、群落、生态系统组成的生态学组织层次中的相对位置[102]。从个体到生态系统，生态学的研究跨度非常大，而明确生态学的组织尺度对于描述、分析和解决生态学问题则十分必要。

由于生态学具有一定的空间属性和时间属性，因此生态学中的时空尺度一般是指在特定时期内，研究对象所在生态系统面积的大小。时空尺度一直是生态学研究关注的问题，然而，对于如何选择合适的时空尺度进行特定生态过程的研究，以及不同尺度之间的转换，目前尚未形成完整的理论和方法体系。

2. 景观生态学尺度

格局、过程、尺度是景观生态学中的核心问题。格局与过程的相互作用具有尺度依赖性，景观格局和景观异质性都依所测定的时间和空间尺度变化而异。

在景观生态学研究中，分析结果依赖时空尺度发生变化的现象称为尺度效应[103]。景观生态学中的尺度效应主要体现在粒度和幅度的差异上。粒度可分为空间粒度和时间粒度，空间粒度是指景观中最小可辨识单元所代表的特征长度、面积或体积，时间粒度是指某一现象或事件发生（取样）的频率或时间间隔；幅度同样可分为空间幅度和时间幅度，空间幅度通常指研究对象在空间上的分布范围，时间幅度则指研究现象的时间持续长度[11]。

由于尺度效应的存在，景观生态学研究中应注意尺度的选择及研究结果与尺度的关系，如栅格像元大小及其聚合方式对景观格局分析的影响。

3. 城市规划尺度

城市规划具有较强的地理空间属性，表现出了对地域尺度的高度依赖性。区域规划关注区域经济发展差异和城市化水平，城市总体规划关注人口密度、土地利用特征，城市设计关注城市局部景观的营造。这些规划问题在微观和宏观等不同层面呈现出不同的特征内涵[104]，如城市总体规划层面的生态规划侧重生态要素（生态斑块、生态廊道）的空间布局，而微观层面的景观规划侧重于小尺度生态环境与城市生活空间环境提升的有机结合。

基于本书中对生态空间格局演变的研究，将 $10^3 \sim 10^4 \, \text{km}^2$ 界定为城市（区域）尺度的研究范围。该范围既可应用景观生态学的分析方法，又便于从宏观角度进行空间格局分析。

2.5.4 结构特征

从景观结构的视角来看，生态空间的演变过程一般经历 6 个阶段，即穿孔、分割、破碎化、收缩、消失和延展[13]（图 2-11）。

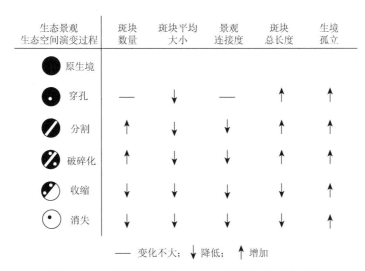

图 2-11 土地转化中生态景观主要生态空间演变过程

穿孔是在大面积景观要素单元中于外力作用下形成小面积斑块的过程，是景观破碎化最基本、最普遍的形式。分割是在同一类景观要素中产生了条带状的要素异质，形成几个较小斑块的空间过程，分割是一种特殊的破碎化。破碎化是在分割的基础上，进一步将一个生境或土地类型分成多个小块生境或小块土地的过程。收缩在景观变化中是很普遍的过程，它意味着研究对象规模的持续减小。消失是景观破碎化形成的斑块，进一步被重复破坏和消失的过程。延展是与上述变化过程相反的一个阶段，是在原有景观上的向外扩展，是研究生境范围的持续扩大。

开始阶段，穿孔和分割过程起重要作用，而破碎化和缩小过程在景观变化的中间阶段更显重要，消失过程则是生态景观减少的最后阶段。在这五个阶段中，生态空间萎缩，生态景观破碎化，内部生境的总数量随着这五种过程而减少，整个区域的连接度随着分割过程和破碎化过程而降低。但随着经济的发展和环保意识的提高，人类对自然的负面干扰降低，生态空间则会在原有基础上进行正增长，沿原有生态斑块向外围延展，最终形成生态基底。

2.5.5　网络建构

从景观生态学的视角来看，生态空间格局的主要特征是镶嵌。不同的镶嵌体会产生不同的生态效应。连接度与循环度显示出景观网络内各要素协作的简单与复杂性，同时也全面展示出物种运动的轨迹。多选择的路径减少了廊道空隙中的消极因素（包括以灾害为主的自然干扰和掠夺、狩猎等人为干扰），从而提高了运动的有效性。

一个理想的景观质地应该是粗纹理中间夹一些细纹理的景观局部，即景观既有大的斑块，又有一些小的斑块，两者在功能上有互补效应。质地的粗细是用景观中所有斑块的平均直径来衡量的，在一个粗质地景观中，虽然有涵养水源和保护林内物种所必需的大型自然植被镶嵌，或集约化的大型工业、农业生产区和居住区，但粗质地景观的多样性还不够，不利于某些需要两个以上生境的物种的生存。相反地，细质地景观不可能有林内物种所必需的核心区，在尺度上可以与邻近景观局部构成对比而增强多样性，但在整体景观尺度上则缺乏多样性，使景观趋于单调。

从空间组织的视角来看，应采用集中与分散相结合的模式，将生态空间与城市空间进行有机耦合。

区域尺度下，以大型山体、湖泊为基础，形成一定规模的生态基底，借助河流、绿廊等生态廊道，将城市外部生态基底与城市内部的生态斑块相连接，构成斑块-廊道-基质格局的生态空间网络。

在生态网络内部,城市生态空间结构常呈现以下 5 种组织模式(图 2-12)。

1）环绕式。城市在一定范围内集中发展，生态绿地系统呈环状围绕核心城市，限制城市的扩展蔓延，周边卫星城镇与核心城市保持一定的距离。设置环城绿化带成为控制中心城区、发展分散的新城模式。

2）嵌合式。城市生态用地与城市建设用地在空间上互相穿插，形成以楔形、带形、环形、片状为主要形式的模式。其主要功能是将城郊的生态环境引入市区，对城市生态空间起到了良好的向外延伸作用。

3）核心式。城市不同功能组团围绕大面积绿心发展，城市功能组团之间以绿色缓冲带相隔。

4）带状相连式。生态空间在城市轴线的侧面与城市相接，使城市各功能组团之间保持侧向开敞，生态空间能发挥较大的效能，并具有良好的可达性。

5）网络连接式。将上述四种生态空间模式进行组合，形成了生态网络，网络的连接模式最大程度上保证了物种运动的流通性，最大化生态空间的连通性，最有效地保证了生态景观的可达性。

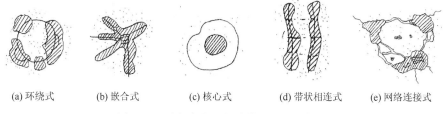

　(a) 环绕式　　　(b) 嵌合式　　　(c) 核心式　　　(d) 带状相连式　　　(e) 网络连接式

图 2-12　城市生态空间结构内部组织模式

第3章 城市生态空间格局演变

3.1 广州市生态空间辨识

景观生态学作为生态学和环境科学领域的一门综合交叉学科，近些年来得到了蓬勃发展，其关于格局、过程、变化等方面的原理和方法得到越来越多的应用。生态空间几乎包含了最重要的自然资源，具有自然界最富生物多样性的生态景观和人类最重要的生存环境，与人类生存发展息息相关。然而，随着人类活动影响加剧和自然条件发生变化，生态资源正遭到严重的破坏，森林面积锐减、水质恶化、植被退化等现象日益显著。

以绿色植被为主要特征的生态空间资源保护对区域发展和生态平衡起到了重要作用。目前，对广州生态空间资源（如森林资源、水资源）的研究以类型、性质的动态监测与变化为主，而对其长时间序列景观格局的演变及其空间分异机理的探讨较少；对于空间特征的描述较多，而对其空间结构变化所反映的功能演变的研究较少。本书对生态空间的景观格局演变特征及其驱动机制进行研究，为揭示生态空间格局的演变原因、制定合理科学的保护政策提供参考依据。

3.1.1 研究区域概况

广州市地处广东省中南部、珠江三角洲的北缘，接近珠江流域下游入海口，截至 2008 年，总面积为 7434.4 km^2。广州位于 112°57′E～114°3′E，22°26′N～23°56′N。东连惠州市博罗、龙门两县，西邻佛山市的三水区、南海区和顺德区，北靠清远市的市区和佛冈县及韶关市的新丰县，南接东莞市和中山市，与香港、澳门隔海相望。广州是广东省省会，全省政治、经济、文化、科技和教育中心，是华南地区区域性中心城市，交通、信息枢纽和贸易通商口岸，素有中国的"南大门"之称。

广州地处南亚热带，其气候属南亚热带典型的季风海洋气候。广州的光热资源充足，广州年平均气温在 21.5～22.2℃，年极端最高气温在 38.6～39.3℃，年极端最低气温在 0.0～2.3℃；雨量充沛，近年广州各区的总降水量在 1384.4～2278.3 mm。具有温暖多雨、光热充足、温差较小、夏季长、霜期短等气候特征。

截至 2018 年，广州市耕地面积 10.22 万 hm^2，林业用地面积 32.94 万 hm^2；境内河流水系发达，水域面积广阔，全市水域面积 6.15 万 hm^2，占全市土地面积的 8.27%，本地多年平均水资源总量 79.79 亿 m^3，其中地表水 78.81 亿 m^3，地下水 14.87 亿 m^3，水资源丰富；广州市的地质构造复杂，有较好的成矿条件，已发现矿产 46 种，探明有储量的有 29 种，主要矿产有建筑用花岗岩、水泥灰岩、陶瓷土、钾、钠长石、石英砂、芒硝、霞石、正长石、大理石、矿泉水和地下热水等，但是区内燃料矿产和金属矿产十分短缺，规模均属小型且零星分散。

3.1.2　土地利用分类

以覆盖广州市域的 Landsat TM 遥感影像数据（1985 年、1995 年、2005 年、2008 年）为基础数据源，由中国科学院遥感应用研究所进行解译，提取城市土地利用变化信息。

本书的目的是从宏观上分析城市空间演变的时空特征与模式，并分析引起这些变化的因素与动力，因此在进行遥感影像的处理时，按照国家 2007 年《土地利用现状分类》国家标准将土地利用类型分为 6 个一级用地类型并进行解译，这 6 个一级用地类型包括耕地、林地、草地、水域、建设用地和未利用土地（表 3-1）。

表 3-1 土地利用分类

分类号	1	2	3	4	5	6
一级类	耕地	林地	草地	水域	建设用地	未利用土地
二级类	水田、旱地	有林地、灌木林地、疏林地、其他林地	高覆盖度草地、中覆盖度草地、低覆盖度草地	河渠、湖泊、水库、坑塘、冰川和永久积雪地、海涂、滩地	城镇用地、农村居民点用地、交通建设用地	沙地、戈壁、盐碱地、沼泽地、裸土地、裸岩石砾地、其他未利用土地

3.1.3 生态用地分类

生态用地分类是进行生态空间格局研究的基础，分类系统服务应与研究目的，分类层次应与研究尺度相对应。本书研究目的在于分析广州地区生态空间格局演变及驱动机制，根据生态用地具体组成情况，按照土地利用分类将耕地、林地、草地、水域和未利用土地全部归入生态用地，也就是除建设用地之外的土地类型均为生态用地。

3.2 生态空间格局定量分析指标体系

分析一个地区的生态空间格局，需要一系列定量化指标，建立量度生态空间格局特征的指标体系是空间结构研究的深化方向。近几年来，随着 RS 和 GIS 技术的成熟和广泛应用，基于景观生态学的空间格局定量研究越来越得到学者们的重视[105-107]，景观格局指数和空间动态分析模型则是分析空间格局演变特征的重要指标[108, 109]。所以，在此基础之上建立生态空间格局定量分析指标体系是本书的科学依据。

3.2.1 景观格局指数

景观格局指数在一定程度上能够反映空间结构组成和空间配置特征，主要包括斑块面积、斑块周长、分维度指数、优势度指数、聚集度指数、连通性指数等。由于其能够高度浓缩景观格局信息，能够反映出景观单元的个体空间特征、景观单元的整体空间布局特征和景观单元间的空间关联程度等方面的内容，因此在 20 世纪 80 年代中后期得到广泛应用。本书采用 Patch Analyst 分析景观格局指数[110]。

1. 单元特征指标

生态景观格局的分析单元是斑块，斑块面积和斑块形状对物种分布、迁移和本地的生产力水平有重要影响。主要斑块特征指标包括如下内容。

斑块面积（patch area，CA）：斑块面积大小不仅影响物种分布和生产力水平，而且影响能量和养分的分布。斑块面积越大，能支持的物种数量越多，物种的多样性和生产力水平也随着面积的增加而增加，物种多样性与斑块面积显著相关。

$$CA = \sum_{j=1}^{n} A_{ij}$$

式中，$i=1,\cdots,m$ 为斑块类型；$j=1,\cdots,n$ 为斑块数目，n 是某一斑块类型中的斑块数目；A_i 是第 i 类斑块的面积。

斑块周长（patch perimeter）：反映各种扩散过程（能流、物流和物种流等）的可能性。斑块的形状对生物的扩散、动物的觅食及物质和能量的迁移有重要影响。

斑块密度（patch density，PD）：每单元面积的斑块数目，即

$$PD = m/A$$

式中，m 为景观中所有斑块类型数目；A 为研究区域的总面积。

分形维数（fractal dimension，FD）：描述景观斑块形状的复杂程度。FD 越趋于 1，斑块的自相似性越强，斑块形状越有规律；斑块几何形状越趋于简单，表明受扰动的程度越大。

$$FD = \frac{2\ln \dfrac{P}{4}}{\ln A}$$

式中，A 为研究区景观总面积；P 为周长。

2. 景观异质性指标

景观异质性是景观的根本属性，是景观要素的空间分布的不均匀性。

景观类型要素越多，异质性越大。分布情况亦影响异质性的大小，景观类型要素的斑块数目越多，异质性越大；不同类型的各斑块分布越均匀，异质性越大。景观异质性是自然干扰、人类活动和植物演替的结果，它们对物质、能量和物种在景观中的迁移、转换和迁徙有重要的影响。

多样性（diversity）指数反映景观类型的多少和各景观类型所占比例的变化。当景观是单一类型构成时，景观是均质的，多样性指数为 0；由两个以上类型构成的景观，当各景观类型所占比例相等时，景观的多样性指数最高；各景观类型所占比例差别增大时，景观多样性下降。

$$H = -\sum_{i=1}^{m}\left(P_i \ln P_i\right)$$

式中，H 为多样性指数；$i=1,\cdots,m$ 为斑块类型；P_i 是第 i 类斑块类型的周长。

优势度（dominance，D）指数反映景观中某种景观类型支配景观的程度。优势度大，表明各景观类型所占比例差别大，其中一种或某几种景观类型占优势；优势度小，表明各类型所占比例相当；优势度为 0，即 $H=H_{max}$ 时，各景观类型所占比例相等，没有某一类景观占优势。

$$D = H_{max} + \sum_{i=1}^{n}\left(P_i \ln P_i\right)$$

式中，D 为优势度指数，n 表示景观类型 i 中的元素个数；P_i 是第 i 类斑块类型占景观面积的比例。

3. 空间构型指标

景观类型空间分布多样性、各类型之间和斑块与斑块之间的空间联系和功能联系对生物多样性保护有着重要的意义。景观生态类型空间结构影响物质迁移、能量交换、物种运动等生态过程。

聚集度（contagion，CONTAG）指数表示板块的团聚程度或延展趋势。

$$\text{CONTAG} = \left(1 + \sum_{i=1}^{m}\sum_{j=1}^{n}\frac{P_{ij}\ln P_{ij}}{2\ln m}\right)\times 100$$

式中，CONTAG 为聚集度指数，$i=1,\cdots,m$ 为斑块类型；$j=1,\cdots,n$ 为斑块数

目；m 是景观中所有斑块类型的总数目；n 是某一斑块类型中的斑块数目；P_i 是第 i 类斑块类型占景观面积的比例。

破碎度（fragmentation）指数用来描述景观受自然和人为等因素的扰动，表征景观被割裂的破碎度，通常用来反映人类对景观干扰的程度。这里可用单位面积内斑块数量的变化来指征景观破碎度。

$$C_i = \frac{N_i}{A_i}$$

式中，C_i 为景观 i 的破碎度；N_i 为景观 i 的斑块数目；A_i 为景观 i 的总面积。

3.2.2　空间动态分析模型

土地利用动态度可以表示单一土地利用类型的扩展动态。

$$K = \frac{U_{n+i} - U_i}{U_i} \times \frac{1}{n} \times 100\%$$

式中，U_{n+i}、U_i 分别为第 $n+i$ 年和第 i 年某一种土地利用类型的面积；n 为研究时段的年间距；K 表示该研究区某种土地利用类型的年变化率。

空间扩展强度用来评估城市年均增长速率的空间分布特征。利用不同时期城市用地矢量数据和 1 km 网格数据叠加，得到 1 km 网格的建设用地动态变化速率。

$$\text{AGR} = \frac{UA_{n+i} - UA_i}{nTA_{n+i}} \times 100\%$$

式中，AGR 表示城市年增长速率；UA_{n+i}、UA_i 为研究区第 $n+i$ 年和第 i 年单元内城镇建设用地的面积；TA_{n+i} 为第 $n+i$ 年每个单元土地总面积；n 为研究时段的年间距。

空间重心转移模型是描述地理对象空间分布的一个重要指标，用于分析城市空间格局的演变规律和趋势，通过计算景观类型的面积加权而得。

$$X_c = \left(\sum_{i=1}^{m} C_i X_i \right) \Big/ \left(\sum_{i=1}^{m} C_i \right)$$

$$Y_c = \left(\sum_{i=1}^{m} C_i Y_i \right) \Big/ \left(\sum_{i=1}^{m} C_i \right)$$

式中，X_c 和 Y_c 是按面积加权的生态用地重心坐标；X_i 和 Y_i 是某一类生态用地第 i 个斑块的重心坐标；C_i 为第 i 个斑块的面积，m 是生态用地的斑块总数目。

空间重心转移距离：　$D_{t+1} = \sqrt{(\overline{x}_{t+1} - \overline{x}_t)^2 + (\overline{y}_{t+1} - \overline{y}_t)^2}$

空间重心转移角度：

$$当\ \overline{x}_{t+1} - \overline{x}_t \geqslant 0, a_{t+1} = \arctan\left[\frac{\overline{y}_{t+1} - \overline{y}_t}{\overline{x}_{t+1} - \overline{x}_t}\right]$$

$$当\ \overline{x}_{t+1} - \overline{x}_t < 0, a_{t+1} = \pi - \arctan\left[\frac{\overline{y}_{t+1} - \overline{y}_t}{\overline{x}_{t+1} - \overline{x}_t}\right]$$

式中，x 表示某一时期地理单元重心的横坐标；y 表示某一时期地理单元重心的纵坐标；D_{t+1} 表示从（$t+1$）时期地理单元空间重心转移距离；a_{t+1} 表示从 t 到 $t+1$ 时期地理单元空间重心转移方向与正东方向的夹角。

3.3　广州市生态空间格局过程与特征分析

3.3.1　生态用地规模及总体空间格局的动态变化

多年来，广州生态用地面积不断减少。从 1985 年到 2008 年，生态用地损失 820.68 km²，生态用地占国土面积的比例由 91.49%降低到 80.45%。同时，生态用地斑块总量也有所减少，从 1985 年的 2872 个降低到 2008 年的 2052 个（图 3-1）。

生态用地规模的减少存在时间差异。1985～1995 年，生态用地损失 269.03 km²，年均减少 26.9 km²；1995～2005 年，生态用地损失总量继续增加，生态用地减少 368.8 km²，年均减少 36.88 km²；2005～2008 年减少 182.85 km²，年均减少 60.95 km²。可见，随着时间的推进，生态空间萎缩的速度不断增加。

多样性指数增大说明各斑块类型在景观中呈均衡化趋势分布，优势度指数描述了景观由少数几个斑块类型控制的程度，与多样性指数表征的生态意义是相对立的。生态用地的多样性指数持续增加，1985 年为 0.29，到

2008 年增加为 0.49。而优势度指数的变化情况恰好与之相反，从 1985 年的 0.58 降低为 2008 年的 0.29（图 3-2）。这表明人类活动对生态环境的影响在加剧，干扰逐年增大。究其原因是早期生态用地的面积分布不均匀，各生态用地类型之间的差距较大。

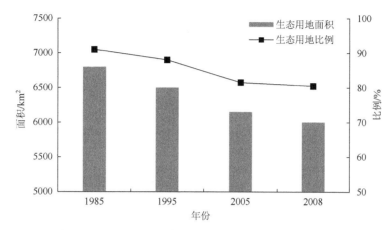

图 3-1　1985～2008 年广州生态用地面积及生态用地比例

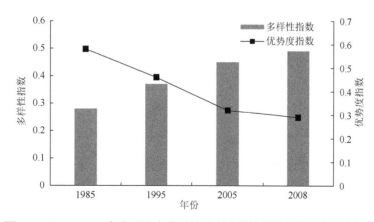

图 3-2　1985～2008 年广州市生态用地景观多样性指数和优势度指数变化

3.3.2　生态用地类型及景观特征分析

广州生态用地类型中，比例由大到小的顺序依次为林地、耕地、水域、草地和未利用土地。林地和耕地的面积约占总生态用地 90%，其中林地面积占大半，在 2008 年达到 55.08%，成为明显的优势类型；而耕地的比例不断降低，从 1985 年的 42.73%降低到 2008 年的 34.07%，成为第二大类生态用地类型。水域在生态用地中的比例位列第三，比例从 1985 年的 7.91%上升到 2008 年的 10.28%。草地和未利用土地在生态用地面积中的比例很低，且持续降低，到 2008 年已不足 1%（图 3-3）。

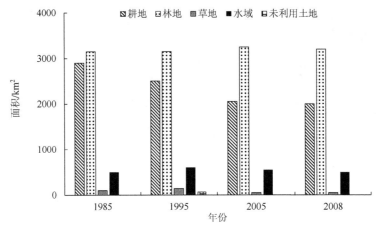

图 3-3　1985～2008 年广州各类型生态用地面积

斑块类型面积是景观组分和度量其他景观指标的基础。林地面积基本没有太大变化，最高值为 2005 年的 3362.53 km^2，最低值为 1995 年的 3231.54 km^2。耕地规模仅次于林地，但呈快速下降趋势，1985 年面积峰值为 2906.58 km^2，到 2008 年减少到 2037.81 km^2，共减少 868.77 km^2，耕地成为面积变化最为明显的一类生态用地。草地和未利用土地面积变化趋势一致，在 1995 年达到峰值，分别为 136.16 km^2 和 46.42 km^2，之后迅速下降，到 2008 年仅为 32.58 km^2 和 1.54 km^2。水域面积变化幅度不大，总体呈增加趋势，1985 年面积仅为 538.30 km^2，到 2008 年达到 614.79 km^2（表 3-2）。

表 3-2　生态用地分类系统

年份	指标	生态用地					
		耕地	林地	草地	水域	未利用土地	总计
1985 年	面积/km^2	2906.58	3241.81	110.05	538.30	5.11	6801.85
	占生态用地总面积比例/%	42.73	47.66	1.62	7.91	0.08	100
	占国土总面积比例/%	39.10	43.61	1.48	7.24	0.07	91.49

续表

年份	指标	生态用地					
		耕地	林地	草地	水域	未利用土地	总计
1995 年	面积/km²	2508.63	3231.54	136.16	610.08	46.42	6532.82
	占生态用地总面积比例/%	38.40	49.47	2.08	9.34	0.71	100
	占国土总面积比例/%	33.74	43.47	1.83	8.21	0.62	87.87
2005 年	面积/km²	2134.55	3362.53	32.58	629.98	4.38	6164.02
	占生态用地总面积比例/%	34.63	54.55	0.53	10.22	0.07	100
	占国土总面积比例/%	28.71	45.23	0.44	8.47	0.06	82.91
2008 年	面积/km²	2037.81	3294.44	32.58	614.79	1.54	5981.17
	占生态用地总面积比例/%	34.07	55.08	0.54	10.28	0.03	100
	占国土总面积比例/%	27.41	44.31	0.44	8.27	0.02	80.45

　　各类生态用地斑块数目的变化趋势总体降低，其共同特征是 1995 年各类型生态用地斑块总量达到最高值，到 2005 年时大幅降低，2008 年则继续减少。其中，数量规模变化最大的是林地，从 1985 年的 851 个增加到 1995 年的 924 个，之后下降，到 2008 年斑块数目为 660 个。耕地、草地、水域的斑块变化规模也依次降低，数目变化最少的是未利用土地，仅减少了 23 个（图 3-4）。

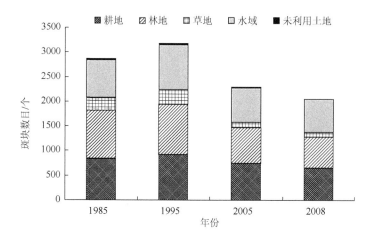

图 3-4   1985～2008 年广州各类型生态用地斑块数目

　　斑块平均面积代表一种平均状态，在一定意义上揭示景观的破碎化程度。林地平均面积最大且持续增加，从 1985 年的 3.34 km² 增加到 2008 年的 5.30 km²，相对增加了 58.68%。水域与林地的变化趋势类似，从 1985 年的 0.70 km² 增加到 2008 年的 0.93 km²。耕地平均面积仅次于林地，呈先降后增趋势，2005 年为最低值 2.83 km²，仅用 3 年时间即增加为 2008 年的 3.10 km²。草地平均斑块面积最小，景观破碎零散分布。五类生态用地类型中，变化趋势最特殊的是未利用土地，从 1985 年的 0.21 km² 大幅增加到 2005 年的 2.13 km²，相对增加了 929.9%，到 2008 年时则迅速下降为 0.75 km²，景观破碎度大幅减小之后又迅速增大，说明未利用土地这一用地类型受到外界的强烈干扰（图 3-5）。

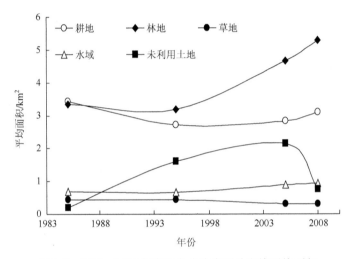

图 3-5　1985～2008 年广州各类生态用地斑块平均面积

分维度指数度量斑块的复杂程度，值越高表明形状越复杂。耕地、林地、草地、水域四类用地的分维度指数比较接近，皆在 1.30 以上，且变化趋势平缓。其中，耕地的分维度指数最高，之后依次为林地、水域、草地。未利用土地分维度明显低于其他用地类型，且为最低的一类生态用地，从 1985 年的 1.28 持续下降为 2005 年 1.19，2008 年则略微回升到 1.21（图 3-6）。各类生态用地的分维度指数不同原因在于受到干扰的程度存在差异。未利用土地分维度指数最低，受人类的干扰程度最大，因此自我相似性较强，几何形状趋于简单化。反之，耕地本该由人类活动支配，但受自然因素约束较强引发的形状复杂，导致分维度指数最高。

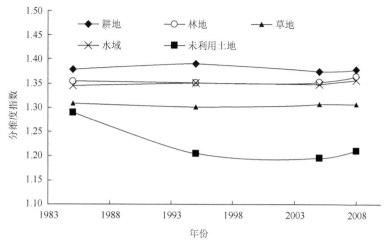

图 3-6　1985～2008 年广州各类生态用地分维度指数

3.3.3　土地类型转化分析

土地类型转化分析主要采用土地利用转移矩阵的方法，查看生态用地的空间增长方向，以及转化为建设用地的各类生态用地的种类、速度等。采用马尔可夫转移矩阵模型来进一步描述土地利用类型之间的相互转化情况。根据提取的研究区数据，利用 ArcView 软件的 tabulate area 功能计算出广州市土地利用转换矩阵。

1. 生态用地与建设用地之间的转化

通过土地利用转移矩阵表发现，从景观生态类型的绝对转移量上来看，耕地向建设用地的转化最为剧烈，其次为林地、水域、草地和未利用土地。1985～1995 年，耕地、林地、水域和草地分别向建设用地转化面积为 270.21 km^2、33.88 km^2、0.30 km^2 和 1.64 km^2，未利用土地没有发生变化，生态用地共向建设用地转化了 306.03 km^2。在随后 10 年的时间里，转化的规模继续增大，生态用地共向建设用地转化了 527.85 km^2，生态用地缩减速率明显加快。尤其在 2005～2008 年，生态用地向建设用地转化了 182.85 km^2。可见，城乡发展建设占用了大量生态用地，生态空间不断缩减（表 3-3～表 3-5、图 3-7）。

表 3-3　1985～1995 年广州市土地利用转移矩阵　　（单位：km²）

	耕地	林地	草地	水域	未利用土地	建设用地
耕地	2786.33	63.07	15.37	110.35	36.57	294.72
林地	19.28	3600.92	22.42	1.41	0.42	43.30
草地	4.56	1.93	116.58	0.01	0.00	2.10
水域	19.02	0.73	0.06	579.61	10.01	2.92
未利用土地	0.00	0.00	0.00	0.00	5.81	0.00
建设用地	24.51	9.42	0.45	2.62	0.00	682.56

表 3-4　1995～2005 年广州市土地利用转移矩阵　　（单位：km²）

	耕地	林地	草地	水域	未利用土地	建设用地
耕地	2758.12	257.23	0.00	107.85	0.00	467.29
林地	86.66	4369.02	0.14	13.30	0.00	156.05
草地	15.72	112.01	45.37	1.98	0.00	19.79
水域	51.81	16.12	0.00	761.77	6.02	37.45
未利用土地	51.68	2.79	1.12	4.28	0.25	6.32
建设用地	91.10	55.47	0.00	12.48	0.00	1131.35

表 3-5　2005～2008 年广州市土地利用转移矩阵　　（单位：km²）

	耕地	林地	草地	水域	未利用土地	建设用地
耕地	2031.14	0.00	0.00	13.75	0.00	89.64
林地	0.00	3294.43	0.00	0.08	0.00	68.00
草地	0.00	0.00	32.58	0.00	0.00	0.00
水域	3.82	0.00	0.00	600.95	0.00	25.20
未利用土地	2.84	0.00	0.00	0.00	1.54	0.00
建设用地	0.00	0.00	0.00	0.00	0.00	1270.37

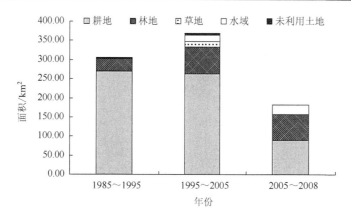

图 3-7　1985～2008 年广州各类生态用地向建设用地的转化

　　建设用地与生态用地类型相互转换的规律近似。从类型上看，建设用地向生态用地转化的规模从大到小依次为耕地、林地、水域、草地，与未利用土地之间未发生任何转化。从总量上可以看出，1995～2005 年，建设用地向生态用地的转化规模最大；2005～2008 年，未有任何建设用地转化为生态用地（表 3-3～表 3-5、图 3-8）。究其原因是国家制定了各项政策制约城市的土地开发的规模和形态，除了制定规划和规范技术标准以保证城乡的各种绿地，还规定了最为严格的土地开发指标，并对指标的置换做出了严格规定。因此，城市建设的开发规模和速度受到土地指标的制约，从而解释了建设用地转变为生态用地的缘由（图 3-9）。

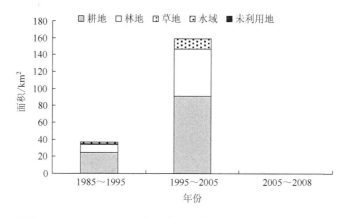

图 3-8　1985～2008 年广州建设用地向各类生态用地的转化

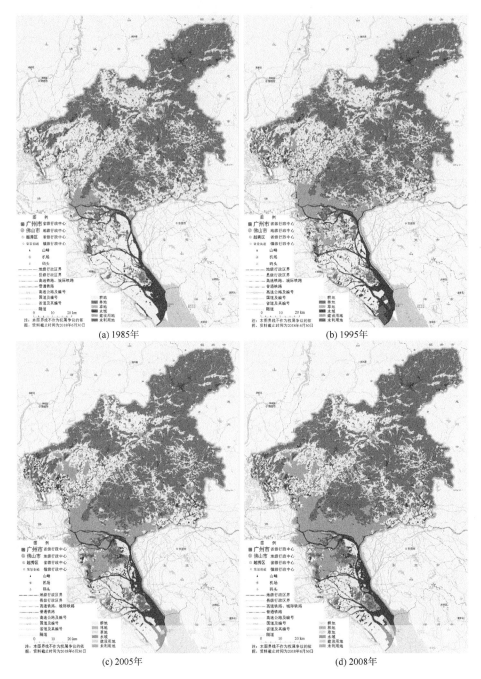

(a) 1985年　　　　　　　　　　　　　　　(b) 1995年

(c) 2005年　　　　　　　　　　　　　　　(d) 2008年

图 3-9　广州市 1985~2008 年景观类型分布图

(后附彩图)

2. 各种生态用地类型之间的转化

通过土地利用转移矩阵表整理可得表 3-6，1995～2005 年各生态用地类型之间的转化规模最大，2005～2008 年转化规模最小；同时，不同的时间段，生态用地类型之间的转化特征也存在差异。1985～1995 年，耕地大量消减，被其他生态用地取代，耕地与水域、林地、未利用土地和草地之间的数量转化分别达到 91.33 km²、43.79 km²、36.57 km² 和 10.80 km²；同时，耕地和水域两类用地均有相当规模转化为未利用土地，也成为这一时期的主要特点。1995～2005 年，耕地持续向林地和水域两类用地进行大规模的类型置换，分别达到 170.57 km² 和 56.04 km²，与之趋势相反，51.68 km² 的未利用土地转变为耕地；此外，111.88 km² 的草地转变为林地，成为草地大量消减的主要原因。2005～2008 年，土地利用类型稳定，各类生态用地类型置换基本停止，2.84 km² 的未利用土地转化为耕地，表明土地利用效率提高；仍有不到 10 km² 的耕地转化为水域，持续保持着多年来耕地向水域转化的特征，可见耕地低于水域的成本收益（表 3-6）。

表 3-6　1985～2008 年生态用地类型转化　　　　　　（单位：km²）

	1985～1995 年	1995～2005 年	2005～2008 年
耕地—林地	43.79	170.57	0.00
耕地—草地	10.80	−15.72	0.00
耕地—水域	91.33	56.04	9.94
耕地—未利用土地	36.57	−51.68	−2.84
林地—草地	20.49	−111.88	0.00
林地—水域	0.68	−2.82	0.08
林地—未利用土地	0.42	−2.79	0.00
草地—水域	−0.05	1.98	0.00
草地—未利用土地	0.00	−1.12	0.00
水域—未利用土地	10.01	1.75	0.00

注：A—B 为正值，代表 A 向 B 转化；A—B 为负值，代表 B 向 A 转化

3.3.4　生态用地的空间分布差异

广州全市域面积较大，且位于三角洲地带，地貌类型齐全，导致景观

格局在空间分布上存在较大差异。本书基于统计数据获取和分析的便利性，按照 2008 年的行政区划范围进行分区研究，包括越秀区、海珠区、荔湾区、天河区、白云区、黄埔区、花都区、番禺区、南沙区、萝岗区十区和从化市、增城市两个县级市[①]。

广州的生态用地主要分布在从化、增城、花都、白云和萝岗等北部山区和番禺、南沙两个南部地区（图 3-10）。其中，林地主要分布在从化和增城，水域集中于番禺和南沙，草地重点分布在花都和从化，未利用土地的变化主要体现在花都和南沙两个地区。生态用地的分布与城市化的政策密切相关，珠江两岸一直是广州城镇发展的重点地区，历史沿革和政府空间发展规划都导致珠江两岸用地紧张。为了落实国家的生态用地保护政策，平衡土地利用，生态用地被大量布置在北部和南部相对边缘的地区；同时，受白云国际机场、花都汽车城、南沙大开发和广州亚运会筹备等大项目、大事件的影响，局部地区的土地利用发生显著变化，如花都区早期囤积了大量未利用土地，但受到政策强烈约束，并未像其他地区出现未利用土地转变为建设用地的状况，而是将未利用土地退还为耕地、水域、林地等生态用地。

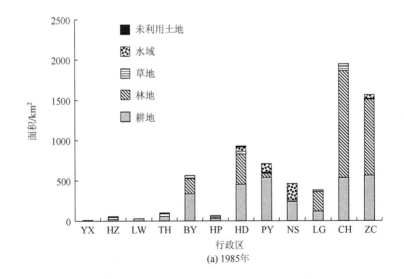

(a) 1985年

---

① 数据来源于《广州统计年鉴 2009》。2014 年，广州市进行了新的行政区划调整，原萝岗区和原黄埔区合并为新的黄埔区，从化市、增城市"撤市设区"，广州区划由原"十区二市"变为"十一区"的格局，该行政区划沿用至本书出版年。本书在行政区的对比和分析方面使用的是 2014 年前的数据，为了尊重客观事实、保证数据的一致性和可对比性，本书涉及的行政区仍采用 2008 年的名称和区划范围。

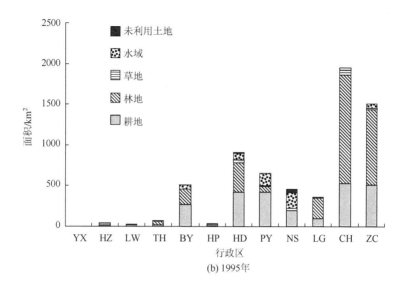

(b) 1995年

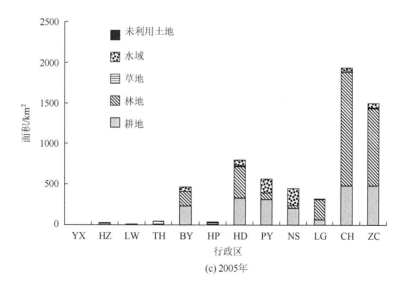

(c) 2005年

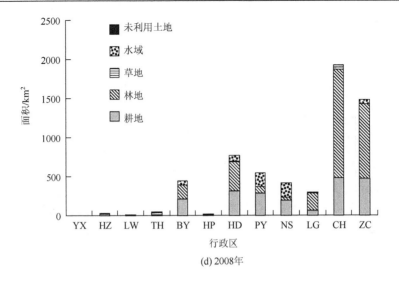

(d) 2008 年

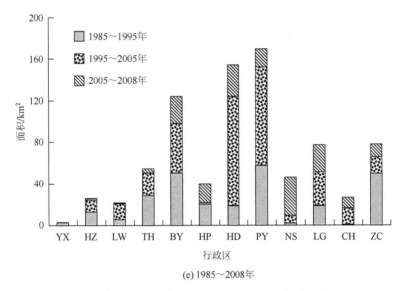

(e) 1985～2008 年

图 3-10　1985～2008 年广州市生态用地变化的时空差异

注：（a）～（d）生态用地的空间分布；（e）生态空间缩减的时空差异。YX：越秀；HZ：海珠；LW：荔湾；TH：天河；BY：白云；HP：黄埔；HD：花都；PY：番禺；NS：南沙；LG：萝岗；CH：从化；ZC：增城

　　受自然地理要素和土地发展潜力的影响，生态用地的变化存在空间差异。广州生态空间缩减规模最大的在番禺、花都、白云三区，缘于这三区本身的生态空间占地多，随着城市化进程的推进和大项目的引入，需要提供更多的建设用地来支撑当地发展。萝岗、增城、天河、南沙和

黄埔属于生态空间缩减规模稍小的几个地区，除了自身空间约束之外，良好的区位使得土地价值提高，成为城市发展的核心地区，因此导致生态用地减少。

3.4　影响要素分析

景观格局演变的动力学研究对于揭示景观格局变化的原因、基本过程、内部机制、预测未来变化方向及制定相应的管理对策至关重要。关于景观格局演变的驱动因子的研究较多，尽管具体区域特定时段内的景观格局演变的驱动因子随着研究区域的不同而异，但景观格局演变的驱动因子仍具有一定的时空规律，一般把引起景观格局变化的驱动力因子归纳为自然驱动因子与人文驱动因子两类：自然驱动因子包括地貌、气候、水文、土壤等，被认为是主要的自然驱动力类型；人文驱动因子包括人口变化、技术进步、经济体制的变革、文化价值观念改变等。

在景观格局演变的过程中，这两种驱动因子往往在不同的时空尺度上发挥不同层次的功能，较大时空尺度上，地貌、气候等自然因子和人口、文化、区域社会经济环境等人文驱动因子综合起来，对景观格局变化起主导作用。在较小的时空尺度下，近现代人类的经济活动及区域开发历史作为一种人类外在的胁迫因子叠加于自然因子之上，加快了环境演变的进程[111]。相对于自然驱动力而言，人文驱动因子的变化更加不可控，影响也最重要，所以在探讨景观格局变化驱动力时，更为关注的是人为驱动因子同景观生态类型空间格局的覆盖变化关系。

3.4.1　自然地理条件的约束

自然地理条件是城乡用地扩展的基础条件，在一定程度上具有主导或限制作用，决定城乡用地及其扩展的空间格局[112]。地形地貌条件对城市的发展具有约束性，水系、山体等自然因素的限制常常决定了城乡总体空间的形状和布局（图 3-11）。

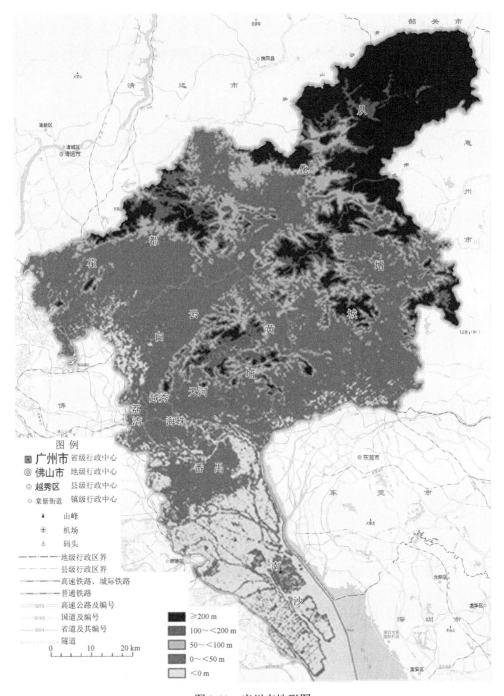

图 3-11　广州市地形图

注：本图界线不作为权属争议的依据，资料截止时间为 2018 年 6 月 30 日

广州的地貌复杂，自北向南主要包括三大区域：以山地为主的东北部区域、以中低山和丘陵为主的中部区域，以及以冲积平原为主的南部沿海区域。广州的生态用地分布与自然地理条件有很强的相关性，林地大多位于地势、坡度较陡的北部山区，耕地多分布在山谷、台地和平原地区。因此，自北向南，广州从山地向平原过渡，城市发展功能也从生态主导过渡到临港经济。

同时，水网对地理空间的割裂及其对产业用地的吸引，使得水系成为城乡发展的骨架，广州在东西向形成轴向发展格局，从西部的老城区逐步沿珠江向东部延伸。

3.4.2　建成区扩展的影响

建成区在空间上的扩展规律与生态空间的演化规律恰好互补，建成区在时间轴上的变化差异与生态空间缩减的时间差异类似，因此，利用建成区扩展的时空特征来反射生态空间的演化特征、通过建成区的演变机理来反推生态空间的演变机理是本书研究的一个重要方法。

从历史沿革来看，广州最早发源于珠江西岸。改革开放之后，人口不断增多，导致建设用地需求增大，老城区的发展空间明显不足，沿珠江向东部演进，同时不断向珠江两岸扩展，形成了主城区沿珠江蔓延的趋势。随着城市化进程的推进，广州人口迅速膨胀，滨河地区已无发展空间，建设用地开始侵占北部山区和南部平原台地，辅之以工程技术水平的提高，城镇发展空间不断扩大，促使广州形成东西向和南北向共同扩张的"十字轴演进"发展格局（表 3-7、图 3-12）。

表 3-7　1985 年～2008 年广州建设用地扩张相关数据

	研究时段		
	1985～1995 年	1995～2005 年	2005～2008 年
建设用地净增长面积/km²	262.03	359.21	178.10
建设用地扩张速率 K/%	4.25	4.09	4.80
重心移动距离/km	13.91	2.36	1.72
与正东方向夹角/(°)	356.05	78.43	356.39
扩张方向	ES	EN	ES

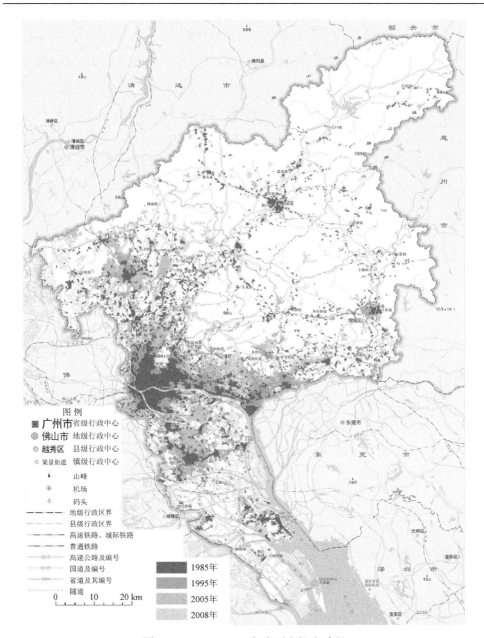

图例

■ **广州市** 省级行政中心
◎ **佛山市** 地级行政中心
◎ **越秀区** 县级行政中心
○ 棠景街道 镇级行政中心
▲ 山峰
✈ 机场
⚓ 码头
—·—·— 地级行政区界
——— 县级行政区界
━━━━ 高速铁路、城际铁路
━━━━ 普通铁路
G15 高速公路及编号
G105 国道及编号
S364 省道及其编号
　　　 隧道
0　　10　　20 km

■ 1985年
■ 1995年
■ 2005年
□ 2008年

图 3-12　1985~2008 年广州市扩张过程

（后附彩图）

1. 城镇空间增长过程

改革开放以来，广州城镇发展边界不断扩大，城镇扩张速度加快。

1985～2008 年，建设用地面积从 616.11 km² 增加到 1415.45 km²，增长了 1.3 倍，增长速度高于 4%。

1985～1995 年，广州城镇规模增加 262.03 km²，主要依托旧城区向外围扩张，并向珠江东部延伸；广州北部和南部的市（区）呈同心圆扩张。1995～2005 年，城镇规模继续扩大，珠江两岸沿地势平坦地区向外围蔓延，花都、白云和番禺的大规模开发拉大城镇纵向发展格局。2005～2008 年，城镇建设步伐不断加快，城镇用地扩张速率达到 4.8% 的最高值。珠江北岸受地形强烈约束，发展边界被限定，呈填充式发展；其他地区基本依托原有城镇蔓延扩展。花都、番禺向广州市区方向扩张趋势进一步加强，广州中心区域的发展格局基本形成。

2. 城镇扩张的空间差异

广州市起源于珠江，市区沿珠江蔓延；同时，城市区域的发展模式得到深化，新城、新区建设加快推进。市场导向的同心圆式蔓延和政策导向的跳跃式发展共同作用，导致广州城镇增长的空间差异（图 3-13）。

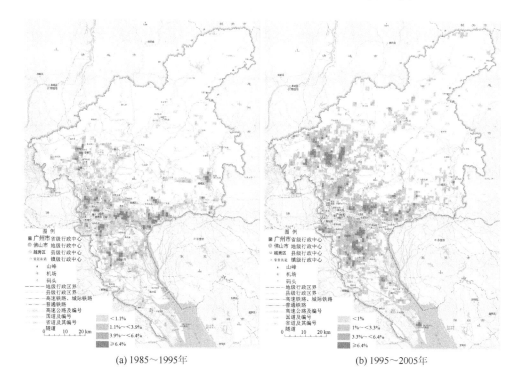

(a) 1985～1995年　　　　　　　　　　(b) 1995～2005年

(c) 2005～2008年

图 3-13　广州市空间年增长率分布图

（后附彩图）

（1）规模差异

1985～1995 年，珠江两岸和北部地区是重点发展区域。珠江两岸（越秀、海珠、荔湾、天河、黄埔及萝岗飞地）新增建设用地 92.86 km²，占全市新增建设用地面积的 32%；北部（白云、花都、从化、增城、萝岗）等城区新增建设用地 140.62 km²；南部（番禺、南沙）新增建设用地 60.24 km²。

1995～2005 年，空间增长明显不均衡，珠江两岸发展规模远低于北部和南部地区。珠江两岸新增建设用地 59.07 km²，占全市新增建设用地面积的 13%；北部新增建设用地 275.28 km²，占全市新增建设用地的 59%，南部的新增建设用地 133.09 km²。北部地区得到强化发展。

2005～2008 年，广州北部和南部地区仍是重点发展区域。珠江两岸发展空间明显不足，新增建设用地仅 24.52 km²；然而，北部地区新增建设用地 101.65 km²，南部扩展空间 52.20 km²，南沙新区成立导致的大规模开发建设是南部空间增长的主要原因。

（2）扩展强度差异

1985～1995 年，广州空间年均增长率高的区域主要分布在珠江西岸的老城区外围、珠江东部和所辖市（区）政府所在地，最大值为 10%。道路网的完善为城区东进和外延式扩展提供了支撑，工业外迁、广州开发区启动建设，以及城镇化推进过程中的设施建设是出现空间高增长率的主要原因。

1995～2005 年，除增城、从化之外的城镇地区建设如火如荼，最大增长率为 10%。珠江两岸继续呈外延式扩展，高增长区依然分布在东岸；花都、白云、番禺的城镇建设强度大增。工业发展和新白云国际机场等大项目带动成为这一时期建设用地高增长的主要原因。

2005～2008 年，这是建设步伐最快的一段时期，城镇用地增长率远高于前两个时期，最大值为 33.34%，主要分布在黄埔、萝岗及南沙三个区。亚运会场馆建设及南沙大开发则是最重要的影响因素。

3. 城镇空间重心移动轨迹

通过分析空间重心模型发现，决定空间重心的因素有两个：建设用地的地理位置和建设用地总量。由于广州市内部建设用地增长的规模和速度不等，所以城镇空间重心处于不断变化的状态，故由重心移动轨迹反映城镇建设空间的动态演变趋势，从而揭示城镇扩张的空间规律。

1985～1995 年，广州城镇空间重心向东南方移动 13 913 m，与正东方向夹角 356.05°，主要表现为东移（图 3-14）。重心大幅向东推进，表明城镇空间东进趋势明显。同时，重心在经度上的变化不明显，略向南移，说明纵向空间发展较均衡，但是由于建设用地增长在南北纵向的空间跨度较大，影响了重心在经度变化上的准确性，与北部地区发展规模更大的事实不相符。

1995～2005 年，广州空间重心向东北方向移动 2361 m，与正东方向夹角 78.43°，主要表现为北移。这一阶段，中心城区的外延式扩展和外围城区的同心圆圈层式扩展成为主导发展模式。空间重心在经度上的变化幅度更大，新机场和大学城建设、花都和番禺工业的发展进一步推动了广州在南北地区的扩张，表明广州北部的发展速度仍快于南部。

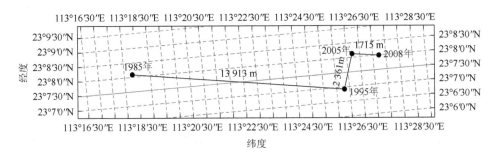

图 3-14　1985～2008 年广州市空间重心转移方向与距离

2005～2008 年，广州空间重心向东南方向移动 1715 m，与正东方向夹角 356.39°，主要表现为东进。广州依托原有城镇空间继续外扩，珠江东部的萝岗、黄埔开发是重心坐标在纬度上东移的主要原因。南沙大开发是影响重心坐标在经度上南移的主要因素，但是由于研究时段较短，南沙还处于发展前期，开发尚不充分，因此，仅表现为重心轻微南移。

3.4.3　经济增长的影响

经济增长是城市化的根本动力之一，整个城市化过程就是资本扩大再生产过程在城市地域上的体现，城市的形态、规模、结构都与人类经济活动有着密切的关联[58, 113]。20 世纪 80 年代，经济全球化体系正在形成和建立，全球的对外直接投资流量以前所未有的速度增长。广州作为中国改革开放的前沿城市和对外贸易的重要门户之一，受到经济全球化的深刻影响。同时，中国城镇化政策的推进使得政府投入大量资金用于基础设施建设。外商投资和固定资产投资成为推动广州"自下而上"和"自上而下"双轨城镇化模式的主要经济要素，为城市空间扩张奠定了基础。

从 GDP 总量的发展动态来看，改革开放以来，广州经济发展经历了三个阶段，即 1992 年以前的平缓阶段、1993～2002 年的快速发展阶段和 2003 年以后的腾飞阶段（图 3-15）。GDP 从 124.36 亿元增长到 8287.38 亿元，增加近 66 倍，年均增长率超过 20%。

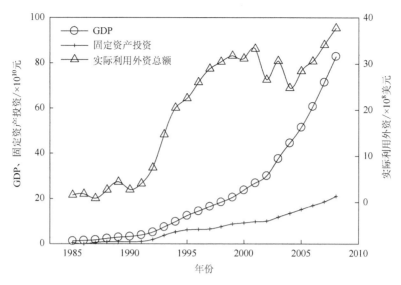

图 3-15　1985～2008 年广州市经济指标的变化

固定资产投资逐年增长，与经济发展趋势保持高度一致。固定资产投资额从 43.62 亿元增加到 2105.54 亿元，增长了近 48 倍，年均增长率达到 18.4%。

实际利用外资总额与 GDP 的增长趋势基本一致。在 1992 年以前实际利用外资总额较低，增长缓慢；1992 年起开始呈高速增长，到 1999 年广州实际利用外资达到创纪录的 31.76 亿美元；2000～2004 年有所波动，并且总体呈下降趋势；直到 2007 年，实际利用外资总额突破了 1999 年创下的最高纪录，达到 34.11 亿美元。

固定资产投资和外商投资的增加带动了基础设施建设、金融业、房地产业及零售业等服务业迅速发展，推进了工业外迁，成为广州城镇空间扩展的主要模式。同时，开发区建设为城镇扩张提供了良好空间载体，城市工业由中心区向郊区迁移、由珠江两岸向南北部平原地区纵向扩展，拉开了城镇空间发展的大框架。

3.4.4　交通的影响

重大交通设施对城镇空间格局有巨大的影响，刺激和吸引城镇土地开发利用，由轨道、高快速道路、城市干道组成的交通系统网络是城镇空间格局的骨架，是城市发展空间结构的重要支撑。

交通体系的完善推动着广州东进的空间演变。1984年广州城市总体规划制定后，城市路网建设快速发展，广州大桥、海印大桥、洛溪大桥等跨珠江重要桥梁的建成促进了滨江地区的融合发展，扩大了中心区的发展空间；在此基础上，火车东站改建、人民路高架桥和内环路建设促进了城市重心向东偏移。1995年之后，东风路、黄埔大道等市内干道贯通，优化了城区结构，拉动城市空间继续向东扩展；广园快速、广深高速等快速公路建设完善了沿珠江东西向的带形路网，原来的带状分散组团彼此相连，辅之地铁线路的开通，城区东进格局形成。

南北向道路的建成外延了广州垂向的空间格局。1990年之前，京广铁路、国道对城镇格局拉动作用明显。之后，内环高架快速路、北环高速公路、环城高速公路和放射状联接型快速路的建设推动沿江带状分散组团空间结构向"L"状的空间结构演变。2000年之后，新白云国际机场、广州南站及南沙港等一批区域重大交通设施建成，机场高速公路、南沙港快速路及地铁南拓线等纵向交通线路的完工拉大了城市骨架，实现了南拓北优的跨越式发展。由此，广州市改变了单中心发展模式，通过交通引导城市布局向多中心网络型模式发展[114]。

3.4.5　行政区划的影响

改革开放后，部分中心城市的扩展受到周边城市的限制，为了给城市拓展增加新的空间，促进区域协调发展，以"撤县（市）设区"为主要内容的行政区划调整作为一种行政手段大行其道[116, 117]。1983～2005年，广州的行政区划经历了9次调整，其中有三次重大调整。1988年的行政区划调整，基本确定了现今广州市域边界。2000年，将番禺和花都撤市立区，使得广州市区面积大幅度增加，为广州向南、北轴向拓展提供了空间载体，如广州新白云国际机场、南沙开发区、大学城等大型项目的建设因此提速。2005年，进一步对广州市内部进行了行政区划调整，与2000年相比，调整幅度更大，共涉及广州12个区（市）中的9个，主要包括老行政区的合并和撤销、新行政区的设立（表 3-8），以及局部"插花地"行政管理关系的变更等[118]。通过行政区划调整，强化了市政府对地方的管治，市一级政府对土地调控能力增强，纳入城市建设的土地大增，刺激城市建设开发行为，扩大了城市发展空间。

表 3-8　1983～2005 年广州行政区划调整概况[115]

调整时间	调整范围	调整后的行政区划
1983 年	把韶关地区的清远县、佛冈县划归广州市	包括：东山、海珠、荔湾、越秀、黄埔五个城区，一个郊区和花县、从化、番禺、增城、龙门、新丰、清远、佛冈八县。土地面积 16 657.3 km²
1985 年	从广州市郊区划出部分区域设置天河区、芳村区	八区八县：东山、海珠、荔湾、越秀、黄埔、天河、芳村、白云八个区和花县、从化、番禺、增城、龙门、新丰、清远、佛冈八县
1987 年	把广州市郊区改称为白云区	
1988 年	把龙门县划归惠州市管辖，新丰县划归韶关市管辖，清远县和佛冈县划归清远市管辖	八区四县：越秀区、东山区、海珠区、荔湾区、天河区、白云区、黄埔区、芳村区八区和花都县、从化县、增城县、番禺县四县。总面积 7 434.4 km²
1992 年	撤销番禺县，设立番禺市（县级）	八区四市：越秀区、东山区、海珠区、荔湾区、天河区、白云区、黄埔区、芳村区八区和花都市、从化市、增城市、番禺市四个县级市。总面积 7 434.4 km²
1993 年	撤销花县，设立花都市（县级）；撤销增城县，设立增城市（县级）	
1994 年	撤销从化县，设立从化市（县级）	
2000 年	分别撤销番禺市和花都市（县级），设立番禺区和花都区	十区两市：东山区、荔湾区、越秀区、海珠区、天河区、芳村区、白云区、黄埔区、番禺区、花都区十区和增城市、从化市两个县级市。总面积 7 434.4 km²
2005 年	撤销东山区，将其行政区域划归越秀区管辖；撤销芳村区，将其行政区域划归荔湾区管辖；将原番禺区划分为新番禺区和新成立的南沙区，设立南沙区和萝岗区	十区两市：越秀区、海珠区、荔湾区、天河区、白云区、黄埔区、花都区、番禺区、南沙区、萝岗区十区和从化市、增城市两个县级市。总面积 7434.4 km²，市辖面积 3 843.43 km²

3.5　主要结论

本书应用景观生态学的相关原理，以景观格局指数和空间分析模型为基础，构建生态空间格局定量分析指标体系，并选择广州作为研究区域，以广州市 1985 年、1995 年、2005 年及 2008 年四期遥感影像图为基础资料，进行定量和定性研究，得到如下结论。

1) 广州生态用地规模较大，但 1985～2005 年广州市生态空间大规模萎缩，且缩减速度不断加快，大量生态用地转化为建设用地。从总体演化过程来看，生态用地占土地总面积的比例从 1985 年的 91.49%下降为

80.45%；在 1985～1995 年、1995～2005 年、2005～2008 年三个研究时段中，分别有 262.03 km²、359.21 km²、178.10 km² 的生态用地转变为建设用地，年均减少规模分别达到 26.9 km²、36.88 km² 和 60.95 km²，可见城市化进程的速度与生态空间缩减的速度呈正比。在各类生态用地类型中，耕地减少的规模最大，23 年间共减少 868.77 km²，成为面积变化最为明显的一类生态用地，其变化主导着生态用地总面积的变化趋势。

2）在生态用地组分中，各生态类型规模由大到小分别为林地、耕地、水域、草地和未利用土地。耕地和林地约占生态用地的 90%，而林地面积又占到一半以上，成为明显的优势类型。从景观特征来看，林地的斑块数目大量减少，平均面积增大，景观破碎度下降，表明林地经整合后分布趋于集中。耕地是生态用地的第二大优势类型，在研究的 23 年间，斑块数目减少，景观破碎度增大，分维度指数虽然下降却仍高于其他生态类型，说明尽管耕地受人类干扰的程度很大，但自然干扰因素仍发挥着重要作用。水域规模略增，但斑块数目大规模减少，景观破碎度下降，人工整合发挥了重要作用。草地规模很小，且景观破碎零散分布。未利用土地是生态用地类型中变化特征最明显的一类用地，1995 年未利用土地面积和斑块数目达到峰值之后迅速减少，到 2008 年时成为规模和斑块数目最小的一类用地；平均面积呈先大规模增加后急剧减小的趋势，且分维度指数最低，说明未利用土地受人类的干扰程度最大，因此自我相似性较强，几何形状趋于简单化。

3）生态空间布局与变化是自然与社会经济等因素综合作用的结果。一方面，自然地形决定了广州生态空间的基本格局，林地主要分布在以山地为主的东北部区域和以中低山和丘陵为主的中部区域，耕地和水域重点分布在冲积平原为主的南部区域。另一方面，城市化发展对建设用地的迫切需求挤占大量生态用地，城市同心圆圈层式扩展和摊大饼蔓延的方式导致镶嵌式的生态空间格局。1985～2008 年，生态空间缩减规模最大的在番禺、花都、白云三区，缘于大项目的引入需要提供更多的建设用地；萝岗、增城、天河、南沙和黄埔属于生态空间缩减规模稍小的几个地区，政府空间发展政策的倾斜使其具有区位优势，成为城市发展的核心地区，土地经济价值提高，进而导致生态用地减少。海珠、荔湾、越秀、从化的生态用地减少最少，但缘由各有差异，前三个区原为广州老城区，自身空间不足，基本为建设用地；而从化的区位使其一直无法被纳入广州经济政治发展的核心地区，因此建设用地需求不高，生态用地总量减少不多。

4）政策的引导作用显著。一方面，从生态保护的视角，政府限定了严格的土地发展指标，积极制定和实施一些生态保护政策，如基本农田保护、自然保护区的设立、退耕还林、退耕还草等政策，对生态空间的保护和重建起到重要作用。另一方面，行政区划调整对土地指标的调配具有重要意义。

第4章 城市生态系统功能演变

4.1 多尺度生态系统功能评估的研究进展

"生态系统服务功能"这一概念最早出现于20世纪70年代,是指生态系统与生态过程所形成及所维持的人类赖以生存的自然环境条件与效用,包括对人类生存和生活质量有贡献的生态系统产品和生态系统功能。科斯坦萨(Costanza)认为,生态系统服务是指人类从生态系统中获得的利益[119]。《联合国千年生态系统评估报告》将生态系统服务定义为生态系统给人类提供的各种产品和给人类提供服务的能力,包括供给功能、调节功能、支持功能、文化功能等,具体表现为生态系统为人类提供食物和水、控制洪水、进行水土保持、丰富精神生活、提供宜居环境等。现在公认为自然生态系统为人类提供一系列"环境服务"功能,包括病虫害防治、昆虫传粉、渔业、土壤形成、水土保持、气候调节、洪水控制、物质循环与大气组成等方面[120]。

人们对生态系统服务价值的认知经历了从使用价值到交换价值的过程,对生态系统服务价值的评估也从价值低估逐渐趋于合理,整个过程与经济学发展阶段息息相关。生态系统服务价值观存在生态中心主义与人类中心主义两大阵营。基于人类中心主义的生态系统服务价值观从经济学视角出发,强调生态系统应当首先服务于人类需求和人类福祉。基于生态中心主义的生态系统服务价值观认为生态系统服务并不以人类需求和人类福祉为主要目的[121],强调生态系统的内在健康、稳定和抗干扰能力。这两类价值观从相互对立逐步演变到融合互补。

随着经济和社会的快速发展,人类的生产和生活行为对自然资源的无节制索取给生态系统造成巨大冲击与破坏,生态系统服务功能日益衰退和失调。20 世纪 60 年代以来，环境与生态经济学兴起，人们逐步意识到生态系统服务的非人类价值与非使用价值的重要作用，促进了生态系统服务价值评估理论与方法的迅速发展[122]。

1972 年，美国国家自然资源调查局开始从事生态系统服务功能国家调查和评估的工作，他们采用野外抽样调查统计的方法，对国家生态资产进行调查和评估，以 5 年为周期对外发布，这极大促进了美国各地的生态环境建设，已在国家建设、经济发展、生态环境保护中发挥出巨大作用。联合国粮食及农业组织（Food and Agriculture Organization of the United Nations，FAO）也制定出适于生态服务功能评估的、较完整的土地覆盖分类标准与规范，以及可供产业化操作的软硬件技术支撑体系[123]。法国、德国、日本等均有类似向政府和公众提供服务的专门机构。

Holdren、韦斯特曼（Westman）等学者先后进行了全球生态系统服务功能的研究，并指出生物多样性的丧失将直接影响着生态系统服务功能[120, 124]。1991 年国际科学联合会环境委员会组织召开的一次会议上专门讨论了如何进行生物多样性的定量研究，这次会议促使生物多样性和生态系统服务功能及其价值评估的研究成为生态学研究的热点[125]。其后，科斯坦萨等学者对生态系统服务与自然资本价值进行论述，认为它们直接或间接地为人类的福利做出贡献，并在全球尺度上进行估算，将全球 16 个生态系统类型分成 17 大类生态系统服务功能，估算结果认为全球生物圈目前每年所提供的生态系统服务功能的价值为 16 万亿～54 万亿美元，平均值为 33 万亿美元，约为全球每年国民生产总值的 1.8 倍，这个结论在全世界相关领域得到普遍关注和反响，引发了人们对生态功能评估的广泛讨论和深入研究[119]。此后，国外许多学者从不同的角度对生态资产及其价值评估方法进行了研究[126, 127]。

2006 年，美国斯坦福大学学伍兹霍尔环境研究所、明尼苏达大学环境研究所、美国大自然保护协会和世界自然基金共同开展了"自然资本项目"（natural capital project），开发并完善了 InVEST（integrated valuation of ecosystem services and tradeoffs）软件，推动生态系统服务价值定量评估的发展[128]。

国内在生态资产测量方面也开展了一系列研究。目前，已完成了将自然资源资产核算纳入国民经济核算体系的研究项目，内容涉及水资源、土地资源、森林资源、草地资源、矿产资源等系统的理论研究，以及资源的实物量和价值量估算的方法和理论。

中国生物多样性国情研究报告编写组计算了中国生物多样性的经济价值总计为 39.33 万亿元[129]。欧阳志云等从有机物质的生产、维持大气 CO_2 和 O_2 的平衡、营养物质的循环和储存、水土保持、涵养水源、生态系统对环境污染的净化作用 6 个方面，估算了中国陆地生态系统每年的服务价值总量为 30.488 万亿元[130]。陈仲新等参考科斯坦萨的评价方法，估算出中国生态系统每年的效益价值为 7.78 万亿元人民币，其中陆地 5.61 万亿元，海洋生态系统效益 2.17 万亿元[131]。潘耀忠等利用遥感技术，对中国陆地生态系统生态服务价值进行了定量计算，认为中国陆地生态系统 1992～1995 年平均每年的生态服务价值为 64 441.77 亿元人民币，为 1994 年中国 GDP 的 1.43 倍[132]。谢高地构建了适用于区域和全球尺度单位面积生态系统服务价值当量表，分别计算了供给服务、调节服务、支持复苏和文化服务四个大类中 11 个小类的基础当量[125]。

基于全球和国家两类大尺度的研究和评估全面开展。进入 21 世纪，全球城市人口超过 50%，城市生态系统服务的相关研究得到重视。城市生态系统服务指人类从城市生态系统中获取的利益，同生态系统服务一样，包括支持、供给、调节和文化等生态功能。城市地区高度集中了人口、资源和消耗物，无法自成循环体系，需要乡村地区各类生态系统为其提供生态支持。因此，城市生态系统服务与人类福祉息息相关，人类福祉成为城市生态系统服务的最终目的。

目前，国内外有关生态功能评估的研究虽然很多，但由于研究视角的差异，尚未形成一套统一的评估体系，导致成果之间的衔接性存在一定问题。首先，生态系统功能的价值不仅包括现在研究较多的生态系统服务价值，还包括生态资产消耗价值，但把两项成果综合起来探讨生态功能的研究尚不多见。其次，对于生态系统服务功能评价，基本上以土地利用类型作为最主要的因子进行计量评估，忽略了不同土地类型的组合方式对生态系统的影响。最后，对于自然资源为代表的生态资产测量研究方法较多，以绿色 GDP 核算的理论和方法为主要代表，但存在模型过于复杂或误差明显等问题。基于上述原因，生态功能评估的研究工作尚需完善。

其实，生态系统的服务功能是无法用价值来完全衡量的，因为生态系统服务是一个持续的过程，而且生态系统一旦被破坏，就很难恢复，所以，生态系统服务价值评估的意义更在于它的相对时空分布。只有了解了某一区域生态系统服务价值的时空变化，清楚地认识到哪些生态系统正在遭受破坏，哪些生态系统正处于良性循环，才能为生态环境保护政策的制定提供建设性的参考。

4.2　生态系统功能的理论内涵

4.2.1　概念的提出与发展

生态系统是一个动态系统，要经历一个从简单到复杂、从不成熟到成熟的发育过程。生态系统作为自然界生命支撑系统，为人类生存和发展提供密不可分的产品和服务，发挥着重要的生态服务功能。人类很早就认识到生态系统及其产生的各种功能对地球生命保障系统的重要性，主要从自然资本和生态系统服务功能两个概念诠释生态系统功能的内涵。

20 世纪 40 年代以来，"生态系统"概念与理论的提出和发展促进了人们对生态系统结构与功能的认识和了解，为人们认识生态系统服务功能和生态资产提供了科学基础。1948 年，福格特（Vogt）在讨论国家债务时，首次提出了"自然资本"的概念，并指出耗竭自然资本就会降低偿还的能力[133]。1970 年，"生态系统服务功能"一词被首次使用，并同时被解释为自然生态系统对人类的"环境服务"功能，包括病虫害防治、昆虫传粉、渔业、土壤形成、水土保持、气候调节、洪水控制、物质循环与大气组成等方面[134]。1997 年，科斯坦萨等 13 位科学家在《自然》杂志上撰文，对生态系统服务与自然资本的价值进行了论述，并对全球生态系统服务与自然资本的价值进行了估算[119]。2000 年，陈仲新和张新时参照科斯坦萨等的研究方法和成果，对中国生态系统效能的价值进行了估算[131]。之后，"生态资产"的概念和内涵逐步明确和丰富，认为生态资产广义讲是一切生态资源的价值形式；狭义讲是国家拥有的，能以货币计量的，并能带来直接、间接或潜在经济利益的生态经济资源[135]；同时特别指出，生态资产实际上是一个时空动态的开放概念，是一定时间和空间内，自然资产和生态系统服务能够增加的以货币计量的人类福利[136]。其中，自然资产，如土地资产、森林资产等直接表现为实物形式的直接价值，可以商品化；而生态系统服务功能的价值往往表现为间接价值，在现有条件下还难以或者不能实现商品化，如水的净化、洪涝灾害的控制、废物处理、生物多样性保护、土壤形成、病虫害控制、空气质量的维持、美学及文化效益等服务功能形成的价值。由于生态系统的服务尚未完全进入市场，其服务的经济总值是无限大的，而以价值的变化和变化率为基础的生态系统服务"增量"价值或"边际"价值进行估计是有益的尝试。

　　由此可见，生态系统不仅创造与维持了地球生命支持系统，形成了人类生存所必需的环境条件，为人类提供了生活与生产所必需的物质资料，同时还为人类提供了更多类型的非实物型的生态服务。因此，生态系统功能价值应当包括两部分内容：正在发挥作用的生态系统服务功能价值和以自然资本消耗为主要内容的生态功能损耗价值（图4-1）。

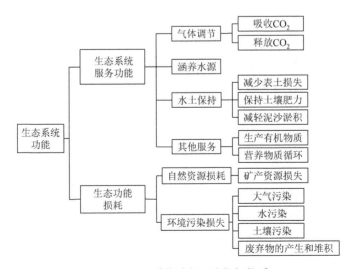

图4-1　生态系统功能评估指标体系

4.2.2　价值构成

由于生态系统功能的多样性，生态系统功能具有复合价值属性。前人研究结论基本可归纳为生态系统价值由生态系统服务价值与自然资本组成。本书考虑到价值核算方法的可操作性和数据获取程度，提出生态系统的总功能价值包括服务功能价值（利用价值）和功能损耗价值（非利用价值）两部分，服务功能价值包括直接利用价值、间接利用价值和选择价值；功能损耗价值特指已消失的存在价值。

针对直接利用价值和间接利用价值的核算方法发展已相对完善。前者包括市场分析法、生产率损失法、资产价值法、旅行费用法、替代和恢复成本法、条件价值法等。后者有损失成本法、生产函数法、防护费用法、重新选址法、替代和恢复成本法、资产价值法、条件价值法等。

选择价值是与利用价值有关的一种价值类型，也有人将其称为期权价值，是生态系统目前未被直接和间接利用，而将来可能被利用的某种服务价值，涉及人们为将来可能利用某种生态系统服务而愿意支付的费用。

非利用价值是独立于人们对生态系统服务的现期利用的价值，被认为是争论最大的价值类型，是以生态环境资本的评价为基础的。这种评价与它现在或将来的用途都无关，可以仅源于知道环境的某些特征永续存在的满足感而不论其他人是否受益。某些环境学家支持纯自然概念的内在价值，这完全是与以人为中心的价值分离。这种观念导致对自然的权利与利益取向的争论，即认为自然资本有其自身存在的“权利”，是与人类的利用无关的价值形态。这种哲学观点的存在是为什么不应将生态系统的“总经济价值”概念与其“全部价值”相混淆的原因之一。而且一个生态系统的社会价值不一定相当于该生态系统的各组成部分的经济价值之和，正如一个生态系统可能超出其各部分之和一样，因为生态系统还存在着一些潜在的基础功能，即“原始价值”，它是生态系统的原始特征，它们甚至比人类了解的生态功能更重要，因为它们将生态系统的各种因子耦合在一起，而且这种耦合具有经济价值。如果这种设想正确，生态系统或生态过程应当有一个总的价值，该价值高于每种单项功能的价值之和[137, 138]。

生态资产价值构成的分析和科学分类是进行评估研究的基础。但是，现有的经济价值分类框架也不是尽善尽美的，可能并没有包括生态系统价值的所有类型，特别是人类尚不知晓的生态系统的一些基础功能的价值。另外，目前对于生态系统服务总经济价值的估算，采取分类计算各类价值然后加总的办法进行，这使各种生态系统服务之间的有机联系和复杂的相互依赖性被人为割裂。

4.2.3　关键问题

1. 生态系统结构、功能与服务

生态系统服务是生态系统功能的表现，但生态系统服务与生态系统功能并不一一对应。在某些情况下，一种生态系统服务是两种或多种生态系统功能所共同产生的；在另一些情况下，一种生态功能可以提供两种或多种服务[119]。目前，对生态系统服务与自然资本的价值只能评估而难以准确确定，其中一个原因是人们对生态系统的复杂结构、功能和过程及生态过程与经济过程之间的复杂关系等还缺乏准确的定量认识，生态系统各种服务的价值的定量化及各组成部分之间的可加性等仍存在问题[91, 111]。生态系统服务的经济价值的精准确定，需要基础生态学的研究与观测，有赖于对生态系统结构、功能和过程及其机理的深入定量了解，也有赖于对生态系统基本过程与经济系统过程之间复杂和隐含联系的合理厘定。

2. 生物多样性与生态系统服务

生物多样性是生态系统服务价值的决定性因素之一，最大程度上保护生物多样性就是维持生态系统服务功能的一项最重要手段。可见，生态系统服务的价值与生物多样性价值成正比关系。目前，生物多样性对人类的市场价值和非市场价值，以及对生态系统的价值影响的定量评估模型尚未得到一致认可，人类并不知晓生物多样性的总价值。强调生态系统服务的市场交换价值，虽可证明生物多样性保护措施的正确性，但通过市场交换的那一部分生态服务价值仅占生物多样性总价值很小的一部分，生物多样

性的其他价值如何评估？其最高级别的价值是它稳定了人类的生命支撑系统，保留一定规模的生物栖息地，不仅是各类生态系统自我维持的关键，也是自然生态系统提供生态系统产品和生态服务的基础和前提。

3. 人类活动对生态系统服务的影响

随着人类活动范围和强度的日益扩大，地球上的生态系统都难以保持自然状态，直接威胁人类的生存环境和地球的生物多样性，严重影响自然生态系统服务的正常提供。为了得到足够的生态系统服务，人类必须想办法通过人工模拟迫使人工生态系统高效运转，充分发挥其复合价值。一定程度上，人工管理的生态系统能够提供某种生态系统服务，但其尺度、时段往往是有限的。现代科学技术可以对生态系统的结构和功能产生巨大影响，但在目前的条件下，人类无法再造和替代地球生态系统，向人类所提供的巨大服务功能和福利。因此，需要研究解决生态演替和人与自然的关系，即最大产量与最大保护的矛盾，以维护人类可持续发展的生态基础，维持生态系统服务的可持续供应。

4. 价值评估理论与经济技术方法的完善

由于对生态系统服务的项目分类、各种生态服务的单位面积价值的确定、不同生态服务的价值的重要性及权重的确定、价值评估方法的运用等诸多方面的不同认识和分歧，对同一生态系统的各种服务或某种生态系统的某一种生态服务的价值评估研究结果差别很大。一个重要原因是评估理论和方法还很不成熟和不标准。如果在生态系统服务价值核算的理论完善与经济技术方法的标准化方面不能实现突破，就不可能有一个公认的标准评估结果，也就不可能实现生态-环境-经济综合核算。因此，研究非市场化的自然生态系统服务的合理分类、生态系统服务单位价格的量化方法、数据标准化、完善生态系统服务价值评估的经济技术方法体系，以及提出符合生态系统服务价值评估要求的数据统计体系等，是这方面研究的重要内容和亟待解决的问题。

5. 动态生态经济分析模型的发展

探讨把生态系统与经济系统联系在一起的区域与全球尺度的评估模型，以便更好地理解其中的物理-生物过程的复杂动态及这些过程对人类福利的价值，是生态系统服务与自然资本价值评估研究的重要方面[119]。目前，对生态系统服务与自然资本价值的评估研究只是对复杂和动态的生物圈及其各类生态系统价值的瞬时静态描述，如何进行动态模拟，是这方面研究的焦点之一。构建生态经济分析的综合框架，强调和阐明生态系统功能、生态系统利用和价值之间的联系，将经济评价、综合模拟、利益相关者结合起来，进行多目标决策，可以为生态系统服务效益优化和可持续管理提供依据。

6. 建立生态-环境-经济综合核算体系

对未来生态损失的成本估计是相当困难的，要得到充分可靠的估计值，需要有关生态动力学和社会经济发展的详细综合数据信息。因此，将生态和环境在经济发展中的作用纳入国民收入核算中的理念和推广都将是一个长期的过程。尽管困难种种，依然有必要从研究上先行一步，建立包含生态系统服务与自然资本价值核算在内的国家生态-环境-经济综合核算体系，实现生态系统服务价值的定量评估。

4.2.4　发展与展望

生态系统服务和价值损耗受到众多因素的影响，包括人类对生态系统重要性的认识程度、生态系统及其服务的稀缺程度、经济社会发展对生态系统的依赖程度等众多因素，因此，生态系统服务的效益和价值是不可能一成不变的。随着对生态系统服务研究的深入，以及进一步了解各种生态过程之间、生态过程与经济社会过程之间复杂的相互联系与相互依赖，生态系统的功能价值可能会产生动态变化。但不可否认的是，生态系统服务对生命大系统的支撑能力在减弱，自然资本随着人类活动日益遭受破坏，生态系统的服务功能正面临下降趋势。

由于生态系统功能的多面性、生态过程和人类活动联系的极端复杂性，对生态系统过程和功能的了解存在着许多不确定性。同时，由于对生态系统的间接利用价值和非利用价值的定价理论和方法的不完善，以及价值评估研究所需的相关资料缺乏等，对生态系统服务价值的定量经济评价也相对粗略，并将在很长时间内停留于"评估研究"阶段，难以在短期内形成公认的准确答案。正如科斯坦萨等所说，"考虑到涉及的巨大不确定性，我们可能永远也无法对生态系统服务做出精确估价"，但这方面的研究"强调了生态系统功能的相对重要性和继续浪费它们会造成的潜在危险"，因此具有很强的现实意义，只是需要继续完善方法，以更接近真相[119]。

由于生态系统对人类福利贡献的很大部分只具有纯粹公益的性质，这部分生态系统功能的价值流与 GNP 或 GDP 间也许将永远不会有必然联系，对它们的间接定价完全有人为的性质，但研究并量化生态系统服务的价值，有助于人们了解和认识生态系统的服务功能及其价值，把握生态系统的可持续性状况，促进生态系统的可持续发展管理，并最终建立国家可持续发展的生态-环境-经济综合核算体系。

生态系统服务与损耗价值的评估问题，是一个多学科的综合研究领域，也是一个世界性的难题，设计资源经济学、环境经济学、生态经济学等多种学科，特别是生态系统过程及其相关数据是进行价值评估的基础，经济学理论与方法的创新应用是评估的主要手段。因此，这些学科的有机结合和集成创新是解决问题的关键。

由于生态系统功能核算存在两方面的内容，加重了其价值评估理论和方法的复杂性。一方面，针对生态系统服务价值的核算研究来看，目前国内的研究尚处于介绍引进国外相关理论、逐步模仿应用各种评估方法、积累研究案例的发展时期，在非市场化生态系统服务与损耗价值的核算理论与计量方法方面有待进一步突破。同时，对于生态系统服务价值以静态评估为主，并侧重于对国家、省市等大中尺度的评价，而缺乏对县域小尺度区域内部复杂的生态系统服务动态变化机制的揭示。另一方面，由于生态系统的复杂性，难以厘清系统内部各方面之间的关系、精准判断生态功能损失的程度，为此采用逆向思维，通过资源消耗和环境污染造成的经济损失来评估生态系统的功能损耗价值。尽管这种方法在一定程度上仍然存在误差，但从经济学的视角出发，以 GDP 作为参照系来研究生态系统的功能损耗，使其具有可比性，采用这种方法不失为一项有益探索。

4.3　生态功能损耗评价方法与数据处理

4.3.1　主要计算公式

生态功能损耗包括自然资源损耗和环境污染损失两部分，自然资源损耗需要核算资源总消耗量，环境污染损失涉及大气、水、固体废弃物三部分污染状况造成的环境损失。具体公式如下：

$$生态功能损耗=自然资源损耗+环境污染损失 \tag{4-1}$$

$$自然资源损耗=当年资源消耗+累积资源消耗 \tag{4-2}$$

$$环境污染损失=\sum(大气污染损失+水污染损失+固体废弃物排放) \tag{4-3}$$

1. 自然资源损耗

自然资源成本的"货币化"是可持续发展模型中的重点和难点之一。其统计数据众多、计算复杂及计算方法的不一致导致了研究结果的可比性及应用性较差等问题。鉴于研究区——广州，是自然资源储备较少且消耗量极大的城市，因此当年自然资源的消耗成本，可以通过不可再生矿产资源的消耗量进行定量评估[139]，并以采掘业的增加值衡量矿产资源消耗成本。依据相同集约化水平的不同工业行业应该具有相同的增长率，可以从采掘业与制造业集约化程度比较的角度来估算自然资源价值。根据国际标准，制造业增加值占总产值比例达到 42% 就满足集约化的要求，采掘业增加值占总产值比例达到 70% 满足集约化要求[58]。同时，固定地域范围内的部分自然资源转化为固定资产，在经济系统中运行，因此累积资源消耗价值可以用固定资产折旧来进行衡量。基于这一原理推导出如下公式：

$$当年资源损耗 = \frac{20}{29} \times 采掘业增加值 \tag{4-4}$$

$$累积资源消耗 = 固定资产折旧 \tag{4-5}$$

进而推导出如下公式：

$$
\begin{aligned}
自然资源消耗 &= 当年资源消耗 + 累积资源消耗 \\
&= \frac{20}{29} \times 采掘业增加值 + 固定资产折旧
\end{aligned}
\tag{4-6}
$$

2. 环境污染损失

污染造成的环境损失主要体现在两个方面：一是环境功能的丧失，由此造成的损失目前还无法定量估计，因为现行的统计体系里还没有考虑环境功能对经济的贡献，这种环境损失具有外部性；二是因环境质量下降而导致整个区域形成的资产出现贬值。由于 GDP 的相当一部分以固定资产形成的方式沉淀在当地。这一部分资产的价值无疑对当地环境质量的变化相当敏感。良好的环境质量会使这一部分资产保值增值，反之则使其迅速贬值。人类排放的污染物对生态环境功能的影响有一个阈值，在污染物的浓度达到这个阈值前，环境的生态功能不会受到损害，超出这一阈值时，对环境的损害程度将随污染程度的增大而增大[139]。因此，环境污染损失可以这样估计：

$$环境污染损失 = 环境污染损失系数 \times 固定资产形成总额 \tag{4-7}$$

其中环境污染损失系数根据不同种类污染物超出阈值的程度来计算。选择城市水环境中的 COD、大气环境中的 SO_2 和地面环境的固体废弃物三类污染物的排放总量超出各自环境容量的程度来计算。对地面水环境 COD 阈值的确定以年均当地水环境不超出渔业水域水质标准（5 mg/L）为依据；对于其余两类污染物的阈值，以以往研究得出的经验值（大气环境 SO_2 的单位时间单位面积排放强度不超出 $60\ kg \cdot km^{-2} \cdot d^{-1}$，固体废弃物排放强度不超过 $800\ kg \cdot km^{-2} \cdot d^{-1}$）为依据。用污染物排放强度与阈值的比值作为污染程度指数，用三类污染物的污染程度指数的几何平均值反映总体污染程度。

$$环境污染损失系数 = 1 - \frac{1}{总体污染程度} \quad (4\text{-}8)$$

$$总体污染程度 = \exp[\frac{1}{3}\ln(污染程度指数1 \times 污染程度指数2 \times 污染程度指数3)]$$

$$(4\text{-}9)$$

基于以上原理,"污染损失"指标的计算改进方法如下:

$$环境污染损失 = \left(1 - \frac{1}{P}\right) \times 固定资产形成总额 \quad (4\text{-}10)$$

$$P = \exp\left[\frac{1}{3} \times \ln(P_1 \times P_2 \times P_3)\right] \quad (4\text{-}11)$$

$$P_1 = \frac{当地降水稀释后的水环境COD浓度}{5} \quad (4\text{-}12)$$

$$P_2 = \frac{单位时间单位面积SO_2排放强度}{60} \quad (4\text{-}13)$$

$$P_3 = \frac{单位时间单位面积固体废弃物排放强度}{800} \quad (4\text{-}14)$$

式中,P 为总体污染程度指数;P_1 为水环境污染程度指数;P_2 为大气环境污染程度指数;P_3 为地面环境污染程度指数。

4.3.2 数据来源与处理

以《广东省统计年鉴》(1996—2007)、《广州市统计年鉴》(1996—2007)和《广东省环境状况公报》(1996—2007)为基础数据来源,并将全部基础数据进行整理归类,转化为二级指标数据,为分析和评价模型的计算打好基础。

4.4 广州市生态功能损耗评价

4.4.1 生态功能损耗总体评价

根据库兹涅茨曲线,经济发展的初级阶段必然伴随着资源损耗和环境恶化。通过数据分析可知,广州的 GDP 有较快增长,而生态功能损耗也随之增大，呈明显上升趋势。从 1995 年到 2006 年，生态功能损耗从 168.32 亿元增加到 1296.73 亿元，增长近 7 倍，年均增长率大于 20%；同期，GDP 从 1243.07 亿元增加到 6073.83 亿元，增长近 4 倍，年均增长率仅 15.51%，小于生态功能损耗价值的年均递增率；生态功能损耗价值与 GDP 的比值则从 13.54%增加到 21.35%，总体呈增长趋势，反映出经济增长是以生态功能的大量损耗为代价的（图 4-2）。

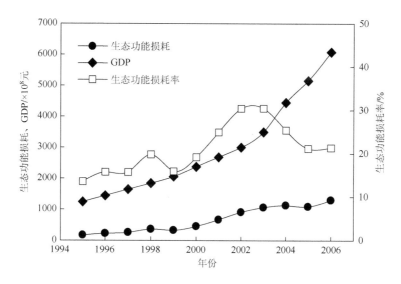

图 4-2　1995～2006 年广州市生态功能损耗价值趋势图

4.4.2　生态功能损耗构成分析

从生态功能损耗构成来看，广州市的累积资源消耗所占的比例最大（1995 年和 1999 年环境污染价值的数据缺失），其次是环境污染损失，比例最低的是当年资源消耗。1996 年，累积资源消耗价值达到 186.3 亿元，占生态功能损耗总价值的 81.76%；而当年资源消耗和环境污染损失价值分别达到 22.96 亿元和 18.59 亿元，占生态功能损耗总价值的 10.08%和 8.16%。2006 年，累积资源消耗∶当年资源消耗∶环境污染损失的价值总量分别为 891.2∶2.77∶402.76，在生态功能损耗总价值中的比例达到 68.73∶0.21∶31.06（图 4-3）。由此说明，广州经济发展进行了大量固定资产投资，固定资产折旧成为间接降低生态功能发挥的主要因素，而环境污染值过高则成为生态功能消减的另一重要因素。此外，广州属于自然资源稀缺的城市，本地资源的有限性开采是当年资源消耗值较低且在生态功能损耗中所占比例较低的主要原因。

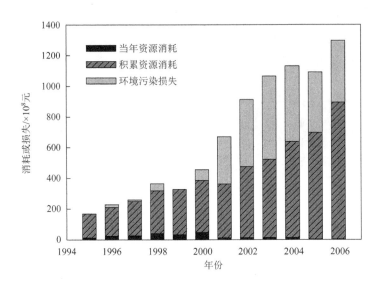

图 4-3　　1995～2006 年广州市生态功能损耗结构分析图

受人类活动的影响，一定区域内的生态功能价值会随时间发生动态变化。在研究时间段内，累积资源消耗和环境污染损失价值均大幅升高，从1995 年到 2006 年分别增加了 735.35 亿元和 384.17 亿元，即分别增长 4.72 倍和 20.66 倍，可见城市经济发展是以大量固定资产投入为基础的，而且城市经济发展伴随着严重的环境污染问题，生态环境为经济发展付出了惨痛代价。与这两项指标变化趋势不同的是当年资源消耗，以 2000 年为界先增后减，且 2000 年后迅速减少，这不仅反映出 2000 年后广州政府开始控制本地资源开采，更加有规划地利用本地资源；同时说明广州市的自然资源基本消耗殆尽，城市建设所需原料大部分依赖外部引入。

4.4.3　生态功能损耗与人口增长的关系

城市化初期，人口激增与生态系统衰退几乎成为一对伴生体。从 1995 年到 2006 年，广州城市规模不断扩大，人口增加了 320 多万人，年均增长率近 3.8%，如此多的人口给生态环境造成了巨大压力。数据表明，经历了 12 年高速发展之后，广州人口增加 0.5 倍，但人均生态功能损失增长了 4.41 倍，远大于人口的增长规模；人均生态功能损失价值持续高涨，从 1995 年的 2622.29 元增加到 2006 年的 13 471.51 元，年均增长率 16.04%，远高于人均 GDP 年均 11.34% 的增速，可见人类对资源的消耗和环境的破坏随人口增加呈指数级增长，人类对经济增长的贡献低于对生态环境的破坏程度，人类节约集约利用资源成为一项重要使命（图 4-4）。

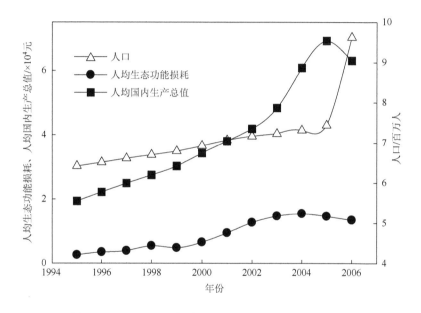

图 4-4　1995～2006 年广州市人均生态功能损耗分析图

4.5　结论与讨论

通过梳理生态系统功能评估的相关理论，诠释生态系统功能的内涵，提出生态系统功能价值应当包括两部分内容：正在发挥作用的生态系统服务功能价值和以自然资本消耗为主要内容的生态功能损耗价值，并在此基础上构建了生态系统功能评估指标体系。

建立城市生态功能损耗评估模型，并对广州市进行实践分析。结论如下。

　　1995～2006 年，广州市生态功能损耗大幅增长，从 168.32 亿元增加
到 1296.73 亿元，基本和经济发展趋势保持一致，说明广州仍处于经济发
展的初级阶段，经济增长是以生态功能的大量损耗为代价的。但是，生态
功能损耗率先升后降的演变趋势说明 2002 年广州对粗放式经济发展模式
进行控制和调整，并呈现一定绩效。

　　自然资源是城市生态系统平衡运转的一项重要因素，若系统内部资源
无法满足自身需求，为了保持系统的健康发展，必然出现资源外部性问题。
2000 年之前，当年资源消耗为递增趋势，在 2000 年达到 46.5 亿元的顶峰
之后迅速下降，到 2006 年为 2.77 亿元，仅占生态功能损耗的 0.21%，是
生态功能损耗构成中总量和比例均最小的一项指标，可见广州资源基本开
发殆尽。而累积资源消耗占生态功能损耗的一半以上，是生态功能损失的
最大构成部分，进一步验证广州作为一个复合生态系统具有高度的外部依
赖性，与其他生态系统之间进行了大量物质交换、能量交流和信息传递，
这是生态功能损失外部性的重要原因之一。除此之外，环境污染损失指标
的大幅增长，表明城市生态系统中经济增长付出了高昂的环境代价，环境
污染成为生态系统不健康、不均衡发展的重要因素。

　　城市发展初期，人口快速增长几乎伴随生态系统衰退。12 年间，广州
城市规模不断扩大，人口增加了 320 多万人，增长 0.5 倍，但人均生态功
能损失增加了 1.08 万元，增长 4.41 倍，远大于人口的增长规模；且与人
均 GDP 相比，人均生态功能损失年均增长率为 16.04%，远高于人均 GDP
年均 11.34%的增速。可见，在人口激增的城市生态系统中，生态功能损失
与人口增加非简单的线性关系，其复杂机理有待进一步研究。

　　除了上述结论，本书在理论方法和模型核算两个方面存在几点误差：
一方面，当年资源损耗和环境污染损失两项指标的计算方法存在误差，仅
考虑不可再生的矿产资源是欠全面的，而依赖于水环境中的 COD、SO_2 和
固体废物 3 项指标涵盖所有污染排放也略有不妥，均会导致生态功能损耗
结果偏低，该模型还有待修正；另一方面，1995 年和 1999 年环境污染数
据的缺失会造成环境污染损失价值和生态功能损耗的降低。

第5章 生态空间规划的理论与方法

5.1 城市生态空间规划的理论建构

5.1.1 城市生态空间规划的理论框架

1. 城市（城乡）规划理论

首先，需要解释一下城市规划与城乡规划的差异。2007 年全国人大公布《中华人民共和国城乡规划法》，声明城乡规划是以促进城乡经济社会全面协调可持续发展为根本任务、促进土地科学使用为基础、促进人居环境根本改善为目的，涵盖城乡居民点的空间布局规划。这里"城乡规划"的概念取代了"城市规划"，明确了"城乡规划"包括城镇体系规划、城市规划、镇规划、乡规划和村庄规划。本书认为，"城乡规划"概念在中国的提出，主要是源于中国的行政管理体系，为了进一步推动城市化过程中小城市向区域城市过渡，强化大城市、特大城市自上而下的集权管理。

从发展历史来看，城市一直体现的是人类聚落的形式，最早是原始小村落，随着人类活动方式从非永久性聚落向永久性聚落过渡，城市的规模不断扩大，但始终保持着"人类活动的容器"这一重要功能。因此，抛开全球行政管理的差异性，"城市"与"城乡"在概念上应当是一致的。因此，除了国家相关的规定和政策文件，本书仍采用"城市"、"城市生态系统"和"城市生态空间"等概念。

城市规划理论是关于城市及其规划的普遍的、系统的理性认识，是一种理解城市发展，并对之采用响应调控手段的知识形态。由于城市规划兼容着自然科学、社会科学、工程技术和人工科学的内容，所以城市规划理论应当能够反映自然科学、经济发展及社会关系相关的理论。

目前，常被称为规划理论的就是指对我们观察到的事实给予合乎逻辑的系统解释。这种理论原则性特征明显，事实归纳痕迹清晰，许多所谓的理论只是无须证明、无法证明或不证自明的规则，所以，也有学者认为规划无理论。虽然有所偏颇，但也确实反映目前城市规划理论匮乏且不系统的状况。由于这一层次的理论是从实践中直接提取的，在略显苍白的同时又多种多样，因为千变万化的人居环境在空间变幻中产生无数新鲜事物，每一种规划理论的产生都是对新生事物的判断、总结或直接来源于相关学科，这种理论称为实践性规划理论[140]。

规划理论的具体内容都会受当时当地的问题和条件的限制，因此不会有普适性的理论，也难以确定通用的价值标准。因此规划的理论本质只能产生于对经验的系统整理、筛选和总结。尽管如此，界定一个理论模型仍十分必要，因为理论为规划研究与实施提供了一个思考框架，实践中具体的方法也可以在理论框架中找到合适的位置或为拓展创新规划方法明确方向。

在"中国市长协会第三次代表大会"上的讲话中指出，城乡规划"是一项全局性、综合性、战略性的工作，涉及政治、经济、文化和社会生活等各个领域。制定好城市规划，要按照现代化建设的总体要求，立足当前，面向未来，统筹兼顾，综合布局。要处理好局部与整体、近期与长远、需要与可能、经济建设与社会发展、城市建设与环境保护、进行现代化建设与保护历史遗产等一系列关系。通过加强和改进城市规划工作，促进城市健康发展，为人民群众创造良好的工作和生活环境"[141]。

可见，我国城市规划理论是以物质空间规划为主体的规划理论体系，是各级政府统筹安排城乡发展建设空间布局，保护生态和自然环境，合理利用自然资源，维护社会公正与公平的重要依据，具有重要的公共政策属性。

现行编制的规划，基本上是对城市物质空间环境的一种整治设想。一方面，与我国处于快速城市化的阶段有关。规划师当前的绝大部分任务是应付层出不穷的物质空间建设项目，同时这一历史时期快速且有中国特色的城市建设也使规划师无暇、也不可能对城市空间发展轨迹给出客观、准确的预测。另一方面，与培养规划工作者的教育理念和方法有关。针对传统规划师的培养都是"孕育在建筑学的摇篮里"，接受的是对物质空间进行技术处理的培训。这些因素决定了物质空间规划理论在城市规划理论中的主体地位。

2. 生态空间规划理论

生态空间规划的思想诞生于 19 世纪末，一些著名生态学家和规划工作者开展了一系列生态评价和生态勘查工作，并尝试将其与综合规划的理论及实践相结合。20 世纪初，生态学逐渐形成一门新的学科并向其他学科渗透，从而促进了生态空间规划理论基础的形成，也使生态空间规划开始得到较快发展。霍华德（Howard）的"田园城市"和芝加哥"人类生态学派"关于城市景观、功能和绿地系统等方面的规划，掀起了生态空间规划的第一个高潮。而 20 年代美国区域规划协会的成立，则标志着空间规划与生态学之间建立了切实联系，其核心观点是以生态学为基础进行区域规划，强化那些发挥重要生态功能的物质空间作用。正如麦凯（Mackaye）认为"区域规划就是生态学，尤其是人类生态学"，"人类生态学关心的是人类与其环境的关系，规划的目的是将人类与区域的优化关系付诸实践"[142]。

生态空间规划具有明显的特征：它强调可持续发展的观念，用长远和广阔的视野看发展，贯彻综合规划的理念，系统考虑生态环境、社会经济和历史文化等因素，寻求健康、高质量的环境和平衡的区域发展。

因此，生态空间规划是指以生态学原理为指导，以物质空间为主体和导向，应用系统科学、环境科学等多种学科手段辨识、模拟生态系统内部各种生态关系，确定资源开发利用和保护的生态适宜性，探讨改善空间格局和功能的生态对策，以促进人与环境系统协调、持续发展的规划设计。

生态空间规划有广义和狭义之分。广义的生态空间规划是作为一种方法论去指导其他一些具有很强操作性的规划（景观规划、土地利用规划等），使其成为贯穿生态学原理的规划。狭义的生态空间规划是生态系统水平上所做的物质空间规划，是从定性描述和分析走向定量评价和情景模拟，是从理念、文字和数字证据走向依托于土地的水平和垂直空间规划，使其成为可实施的对策规划，并真正成为促进可持续发展的有力工具和可行途径。

3. 城市生态空间规划理论

城市空间规划的生态化转型中遇到的最大问题是如何协调生态与发展的矛盾，协调生态用地与建设用地的矛盾。中国城市的社会经济发展水平存在严重的地区差异，但都有着强烈的发展意愿和要求。传统的城市规划重点是地方的经济发展问题，反映在空间上则为建设用地规模与布局的问题，往往忽视生态用地的维护与布局，生态用地规划成了城市总体规划完成之后的"填充"，成为一个被动的点缀，因此不可能从整个区域和城乡一体化的角度去把握城市生态空间的有机联系，而是硬生生地把整个城市生态空间进行了分割，从而使城市生态空间的完整性和连续性得不到保障。因此，城市生态空间结构优化研究是解决城市发展过程中面临的这些问题的有效方法，是改变传统粗放型城市发展模式的有效途径。正如城市规划专家吴良镛教授曾经说过："规划的要义不仅在于规划建造的部分，更是千方百计保护好留空的非建设用地"。

基于上述认识，本书认为城市生态空间规划是在生态理念指导下，将生态空间规划引入到城市规划理论后的产物，在生态目标导向下对现有空间规划理论、技术方法等的改进与更新。该理论并不是对现有规划体系的否定，而是以物质空间建设改造为主体，强调生态理念与手法在规划中的应用，是对现有规划体系的优化。

我国的规划体系是面向城市与乡村一体化的空间规划体系。城市空间生态规划是将生态思维与技术引入现行空间规划理论体系（包括思维逻辑、目标指向、有效性检验等）后的一次变革。该理论有下述几个特点。

（1）城市生态空间规划理论是城市生态系统理论

生态概念包括自然生态、系统生态和强调事物关联的哲学生态等多层次含义，生态空间规划与城乡规划结合体现在两个方面。

一方面是规划理念的系统性。马世骏、王如松提出了自然-经济-社会复合生态系统理论，指出生态规划的实质就是调控复合生态系统中各子系统及其组分之间的生态关系，而城市生态空间规划强调的是基于物质空间的生态规划与实践，因此同样具有自然-经济-社会复合生态系统属性。

另一方面是规划编制与实施的系统性。城市生态空间规划的目标是实现城市生态系统中各种关系之间的协调与平衡，从而达到多要素相互作用之整体效应最佳。这需要规划理论的指导，并将生态学原理落实到规划方法与应用中；此外，需要研究规划落实的可行性，既要保证生态功能的充分发挥，又要发挥空间规划的物质塑造与建设实效作用。所以，城市生态空间规划理论是一种规划编制和实施的复合理论。

（2）城市生态空间规划理论是泛目标规划理论

传统的生态规划程序主要包括辨识—模拟—调控，数学方法与物质空间规划方法的引入与结合，形成了泛目标生态空间规划方法[7]。该方法将规划对象视为一个由相互作用的要素构成的动态系统，目的是协调城乡地域范围内的人地关系，其主要特征如下。

1）泛目标规划是在整个生态系统中基于空间网络优化生态关系，允许系统特征数据不定性与不确定，输出结果是一系列效益、机会、风险矩阵和关系调节方案。它与多目标规划的区别在于多目标规划方法是基于固定的系统结构参数，根据某种确定的优化指标或规划去求值。而泛目标规划允许系统内部各种参数关系和结构的不确定，通过多层次、多方位、多阶段、多目标和多方法的探索、学习，促进生态位在某区间内不断改进和协调关系，实现系统机会与风险的生态平衡。其方法论的原理是一组组合决策过程，局部决策运用各种成熟的数学模拟和规划的"硬"方法，而宏观决策则运用各种定性的、经验的、模糊的和主观的"软"方法。通过软硬结合，提高优化结论的科学性、有效性和灵活性。

2）在优化过程中，主要关心的是那些上、下限的限制因子动态，以及这些限制因子与系统内部组分的关系。

3）规划目标在于按照生态学原理与生态经济原则，调控以人为主体的城市生态系统内的生态关系，优化系统功能，追求整体功能最优。

（3）城市生态空间规划理论具有强人工属性

我国目前以空间规划为主的规划体系是向苏联、欧美城市规划学习后逐步建立起来的，基于西方人地关系基础上的生态规划手法并不完全适应我国国情。

西方工业文明推动的城市发展模式，源自现代化的公共卫生设施体系应对城市废弃物的收集与处理。然而，我国自古就有一些优秀的、极富生态理念的城市建设和管理方法，强调废物和垃圾就地解决，如桑基鱼塘的协作模式、"粪夫"制度的建立和推广。

尽管我国古代优秀规划和建设思想、方法没有被保留和应用，甚至被弃置。但是总的来看，从工业文明推动的城市发展模式转向生态文明导向的城市转型，从西方的大循环经济模式转向重视微循环的多层循环经济模式，从单向度的生产、浪费排放处理转向循环利用，从建造大型的、集中的、昂贵的市政设施转向小型的、分散的、廉价适宜的设施，从设施分离转向综合利用和共生才是人类文明发展的趋势和要求。

（4）城市生态空间规划理论具有强时代属性

随着科学发展观和科学技术的进步，大数据、地理信息和人工智能技术等大量用于规划设计、城市管理和环境建设。高端技术及方法的定量化完善了生态空间规划技术体系，提高了规划设计与规划实施的匹配度，推动了生态空间理论的进步与创新。

综上所述，城市生态空间规划是在生态目标导向下对现有空间规划理论和技术方法的改进与更新，其相互关系如图5-1所示。

4. 与相关规划的关系

从表5-1中的概念界定可以看出，城市生态空间规划主体是生态空间，是结合了生态理念，融入了生态规划方法的空间规划，是城乡规划理论的核心部分。它有别于强调事后监控的环境规划和强调系统调节优化的生态规划，它比环境规划或生态规划更具综合性、整体性与系统性，不仅要考虑城市本身，而且要考虑城乡整体环境。

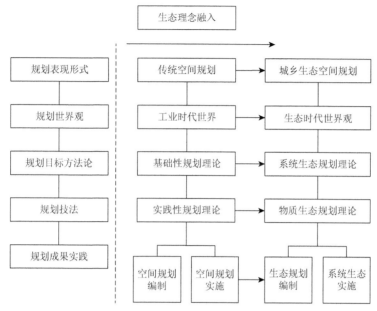

图 5-1　城市生态空间规划理论框架图

在文献[5]的基础上进行修正

表 5-1　与生态空间相关的规划内容

规划类别	规划核心内容
城乡规划	土地利用空间配置和城市各项物资要素的规划布局
环境规划	大气、水体、噪声及固体废弃物等物理环境质量的监测、评价、规划调控与管理
生态规划	运用生态系统整体优化的观点，侧重对规划区内城市生态系统的人工生态因子和自然生态因子的动态变化过程和相互作用特征的分析，研究重点是物质循环和能量流动的途径，进而提出资源合理开发利用、环境保护和生态建设的规划对策
城市生态空间规划	以生态空间为规划主体和目标，运用生态学的观点更新传统空间规划理论，强调城乡一体、强调城市发展与自然演进相协调的空间规划理论和方法

5.1.2　城市生态空间规划的目标导向

1. 目标

空间规划可以看作是为实现一定空间建设目标而预先安排行动步骤，

并不断付诸实践的过程。空间规划最基本的特征就是确定目标并在针对目标达成的行动过程中不断地趋近目标，即目标导向特征。目标导向强调对静态目标实施的指引，强调对基本目标的分解、阶段步骤与子目标统筹协作。也就是说，目标导向包括目标制定（以静态为主）和实现目标（以动态为主）两部分。

完整的空间规划目标可以分成两类，其中一些目标是未来空间发展状况或生活环境质量的描述，而另外一些目标是空间建设实施中阶段性的、具体的建设方法和手段汇总。前者是针对空间特征和质量的基本目标，后者则为规划执行与落实的具体行动目标。无论哪一种目标，均为社会、经济、环境目标的空间反映，且受这些要素的制约。

城市生态空间规划必须考虑到两方面因素：一方面是生态导向的规划，要求把单项的专业规划进行汇总和综合，以便有可能在生态层面上去考虑更高一级的规划，如区域规划、土地利用或景观规划等；另一方面是以城市为载体的规划，城市是不断发展的，因此规划目标应该是动态渐进的，而不是静态的终极目标。因此，城市空间生态规划目标可以理解为：确保与空间规划政策一致的前提下，对物质空间层面进行生态化引导，缓解城市生态系统当前面临的生态危机，实现人与自然和谐共存，引导城市空间发展走向生态化道路。生态城市成为一种理想的城市模式，是一种理想的人类聚居区，技术与自然充分融合，人的创造力和生产力得到最大程度的发挥，居民的身心健康和环境质量得到最大程度的保护。

目前，许多城市纷纷提出"生态城市""花园城市""山水城市""园林城市"等目标，这些目标都可以视作对人类聚居环境的状态、特征的一种期望和描绘。这些目标各自反映了人类对理想栖居环境设想的一个侧面，并且都存在假设性、不明确性的特征。同时，达到生态城市目标需要发达的经济和先进的技术创新支撑，需要成熟的政策、法规及监控机制等高度发展的人类文明进行匹配。这些目标是一种极为广泛的城市发挥综合目标，需要凭借城市规划和政府与民众的共同执行才能实现。

城市生态空间规划作为城市建设依据和物质空间建设方法，保证其目标实现，需要对总体生态化的目标进行分解，具体体现在三个方面：第一，从土地资源配置角度来看，应达到用地结构合理、开发有序，城市功能与生态位高度拟合，空间建设在土地资源限定的环境容量范围之内。第二，从空间资源配置角度来看，城市空间与其承载的城市功能相适应，空间组织有利于降低使用能耗、提高效率，空间多样性、异质性合理，使城乡动态发展与稳定有序兼容；也就是说，通过生态资源的合理配置与利用，保证功能空间与物质空间的协调统一；第三，从人的适居需求角度来看，达到人与人、人与社会、人与自然等关系的和谐，城市空间的使用能够满足居民物质、文化等多方面生活质量的满意度与适居度。

2. 目标导向

城市生态空间规划的目标导向是在正确认识人与生物、自然环境、社会发展等关系的基础上，形成科学的生态世界观，对城市空间生态和谐的未来趋向进行预测，并提出保持该趋向发展的空间建设措施和对策。该目标导向可以看作是一个对城市生态系统进行辨识、对规划途径进行确定的过程。具体体现在以下三个方面。

（1）生态效率目标导向

经济效益一直是工业革命以来的主要目标，人们通过先进的工业技术大大提高了物质和劳动力的利用，从而提高了系统效率。但这种效率目标是基于资源承载力无穷、环境承载力无限的观念下的产品投入–产出效率，反映在生态空间规划上则无视自然生态的约束，城市发展的空间性质、功能定位与布局完全按照人类当前经济发展需求进行规划。

生态效率是随着可持续发展理念贯彻落实到发展实践中，进而提出的衡量生态系统整体损益的概念。生态效率可以用生态成本投入产出的比率来衡量。生态效率目标导向就是将资源与环境的总成本与消耗代价逐步计入各种评价标准中，并使之体现出物质、能量、资金、劳力、信息等方面，从而引导人类建设行为与生态环境之间形成良性互动关系。

城市生态空间规划并不追求经济效率最大化，而是强化生态资产功能（如水源涵养、土壤保持、生物多样性等的空间反映），强调生态资产的持续利用，推进资源少利用、少投入、少排放及循环利用的可持续发展方式，并依此规划空间结构、产业布局，以及交通体系和市政设施等相关空间配置模式。

（2）生态活力目标导向

生态活力是对系统持续自生能力的表达。该目标强调人工系统的正常运转并非依赖大量外来能量、资金、劳力的输入，而应具备自我生长、自我发展的能力，如城市绿地建设应当选用本地易生植物，避免大量外地花木的运入，尽可能降低维护费用。

生态活力包括经济活力（含市场竞争力、技术进步的贡献、产品多样性、产业链形成等）、社会活力（群众生态意识、体制灵活性等）和自然系统活力，要求自然系统与经济、社会的协调一致，强调在城市空间这一以人工为主的空间系统中，自然生态过程尽可能在城市空间建设中得以延续，甚至强化，最大限度发挥自然要素的生态功能，保证水的流动性、气的通畅性、土壤活性和渗透性、生物多样性、植被覆盖等，提升自然系统的持续活力。

（3）生态稳定目标导向

对于城市发展而言，抗风险、维护系统稳定与提高系统效率具有同样的重要性。可喜气的是，这一点已逐步得到重视，从国家到地方出台了各种规章制度，要求从规划和技术层面评估城市生态风险问题。生态稳定强调生态风险最小、系统发展速度与波动幅度的平衡、主导性与多样性的平衡、依赖性与独立性的平衡。空间规划中强调生态安全格局、资源配置的公平性、环境影响（包括生态影响）的预见性与空间资源配置的关系。

城市生态系统的效率、活力与稳定三个目标导向构成了生态规划作用于空间体系的总体原则。每一空间层次中都强调上述三大目标的优化，从而在空间建设中提高城市生态系统的可持续性。同时，任一空间体系的目标导向都不是静态的、一成不变的。生态规划正是在系统动态演进过程中强调系统整体可持续能力的提高，而不是某一阶段时期系统的最优。此外，城市生态空间规划目标又受到地方发展政策的指导与制约，需要通过规划编制增强对上一层次目标的反馈，强调通过阶段性政策目标的实现，逐步提高城市生态系统的持续性。

5.1.3　城市生态空间规划的要素分析

城市生态空间规划理论要求体现资源要素耦合。在规划目标—问题分析—方案设计中，需要多层次、多角度将各种生态要素与城市社会、经济要素进行相关性分析与解读，以实现规划的科学性、客观性与有效性落实，生态建设顺利实施。

城市生态空间规划理论要求体现空间要素耦合。城市地域范围包括建筑空间和自然空间，是以人的宜居宜业为主要目标的物质空间体现，需要人文和大自然的融合，因此，城市生态空间建设需要人工高度控制的自然空间和建筑空间共建，以达到城市生态系统结构、功能最优的目的。

1. 土地资源

所谓要素即工作对象所包含的基本单元。城市生态系统的复杂性决定了空间规划涉及要素极多，如土地、人口、资源、社会、经济、科技等，但空间规划的作用是有限度的。以空间规划为主体的城市规划尽管在空间和土地使用上反映了城市中人类赋予的各种社会经济关系，但城市规划主要也只能处理这些关系投射到空间层次上的相互作用，而难以甚至不可能直接处理社会、经济、政治关系。所以，空间规划的作用是有限的。空间规划所发挥作用的有限度主要体现在城市空间和土地使用方面。空间规划所能作用的要素（也就是空间规划要素）只能是用于空间建设的土地资源。

首先，这是由目前规划行业本身的作用范围决定的；其次，对土地资源的配置是社会发展中必不可少的重要内容。虽然各国城市规划体系差异颇大，但对土地资源合理配置的功能却是共同的。

然而，空间规划并不等同于土地利用规划。土地利用规划中主要将土地资源视作二维平面形态，对其调控体现在使用性质、相互关系和面积大小等方面。而空间规划则是视土地资源为自然立体构成和人类赋予土地之上的三维构成的复合体，是对土地资源进行物质改造后人类活动价值的体现。

值得注意的是，空间规划并不是其作用要素（土地资源）的主宰。空间规划对人类聚居环境内土地资源的使用进行了调节和控制，但并不直接参与到土地使用与开发建设中去。也就是说，空间规划对土地资源的作用是指导性的、间接的。同时，空间规划对土地和空间资源进行配置时也不是就事论事，而是对附着于土地资源之上的社会、经济、环境因子发展趋向的正确引导；其中，生态环境是重点之一。如吴良镛先生所说："城市规划不只是规划城市，还是落实环境保护和走可持续发展等基本国策的具体行动与积极措施之一"。城市空间生态规划就是突破传统城市土地及空间利用模式，在空间规划中体现土地外在生态表象和内在生态潜能的生态价值规划理论方法。

2. 城市建设对土地资源的影响

土地资源是承载城市地域空间结构、市区或乡村聚落空间结构的自然要素，又是受人类活动干预最直接的对象之一，因此，在空间规划学科领域中土地资源是联结城市人口、经济、生态环境、资源诸要素的核心。《管子·匡君小匡》中说道："相地而衰，酌其政，则民不移，城可固"，阐述了要根据土地自然资源状况来度地建城的思想，也反映了以正确认识土地资源为核心的营建思想。

土地资源不仅是人类社会经济活动的载体，而且是各种自然要素的附着体。这些自然要素分无机环境要素和有机环境要素。有机环境要素主要指土壤中有机质层，它是生物与无机环境之间的介质，亦可视为"边缘地带"。无机环境要素包括水环境、气候、地质等，它们是生产者（植物）合成有机物质的原料，有机环境和无机环境之间不断交换构成了生态系统中物质、能量的循环。

城市空间建设意味着人类对承载于土地资源之上的各种要素间断性甚至永久性的干预。若抛开依附在土地资源的其他要素（社会经济要素），人类城市建设对土地资源自然要素的使用主要体现在两点：占用土地面积和改变土壤自然属性。

对于城市建设而言，衡量土地资源的大部分指数如区位、规模、结构等都与土地表面有关，即自然系统和人类环境所要求的二维空间。不合理的建设会使我们丧失许多选择的机会，减少居民对其多种利用的可能性。土地表面积大小是各种生物的栖息地是否能够形成的重要标准；并且生物栖息地的保证与该地生物多样性指数息息相关。在被称为"生态时代"的今天，生物多样性不仅是局限于生态学的概念，而且还是评价人类聚居环境优劣的一个重要指标，维护生物多样性成为城市规划与建设的一项重点内容。

城市建设对土地资源的第二个作用就是改变了土壤性质。土壤被称为土地资源的第二项财富。像光合作用本身一样，表土层的形成过程是一种反熵过程，土壤是陆地生态系统（包括人类最先进的农业-工业综合体）的基础，是生物圈生态循环的重要环节。目前城市建设基本上是以硬质化（不透水面）的覆盖使土壤自然属性消失殆尽的，事实已经证明这种建设方式的弊端。现有的建设方法导致人类聚居地日益"硬底化"，这种土壤性质被彻底破坏的建设行为不仅影响了人类生活空间的宜居性（如引起热岛效应），而且将生物生产、生态系统循环的主要媒介破坏殆尽，导致市区气温升高等环境质量下降局面，易产生城市洪涝等灾害现象。

3. 空间规划中土地资源生态缺失的缘由

很久以来，规划师在配置土地与空间资源时关注土地资源的自然属性，重点是对承载其上的各种人类活动的空间关系，尤其对经济空间结构的关注远远超过其他方面，尽管现在这种情况已逐渐改变。

城市发展到现在出现了瓶颈，这正是对赋予土地资源之上的自然特征的忽视，才使空间规划缺乏对土地资源这一要素全面彻底的统筹，从而导致一系列人类生境的问题。究其原因，一是目前土地资源的自然生态价值难以纳入经济核算中去，自然生态效益缺乏一种有效的组织机制，所以很难在空间上体现出来。目前在规划中自然生态价值的体现只能依赖规划师和政府管理者的素质，这种状况使土地自然属性极易在市场经济下受到侵害，并最终损害了公共利益。由于土地资源自然生态缺乏自觉自为的规划理论认可，所以在蓝图绘制时遭受冷落和遗忘。最终的结果往往是人类经历了血淋淋的现实之后才不得不对现行的规划建设体制做出必要的改进，如以"八大公害"为代表的环境恶化后欧美规划思想的变革。二是在市场经济体制下，又兼行政界线、条块分割等外部制度环境的影响，土地资源的自然生态特征的整体性、区域性无法在规划中体现。即使有少量规划对生态因素做了尝试性引进，但大都局限于微观领域小生境，只是对局部生态的关注，甚至还出现局部空间生态优化与城市大环境生态冲突等矛盾。

4. 城市生态空间规划中土地利用特点

城市生态空间规划中对土地资源的利用分两种方式：一是选择自然生态单元组织自然生态开放空间系统，如城市绿地、水系、农田等；二是在城市物质空间建设中尽量融入自然生态化内容，使人工构建的系统向自然生态系统自循环、自组织的特征趋近，其中也包括了对社会生态、经济生态的考虑。社会生态是对场所内居民社会需求的平衡（如提供社会就业、满足社会交往需求等），经济生态主要通过产业协调的方式使经济组织趋于循环。当然，这些内容都需要通过与自然生态共建来实现，形成一种有机组合的关系。

麦克哈格（McHarg）设计结合自然生态的观点也反映了生态规划对土地资源配置的基本要点，"既不能把重点放在设计上面，也不能放在自然本身上面，而是把重点放在介词'结合'上面……这包含着人类的合作和生物的伙伴关系的意思，他寻求的不是武断的硬性的设计，而是充分利用自然提供的潜力"。在这一意义上，城市建设中土地利用应体现具有特色的地形、地貌受到保护；沟壑、山丘、坡地尽可能被利用到空间设计中去；配置足够的可透水地面（如林地、草地、透水铺面）减少雨水径流，保证表层土壤吸收，过滤雨水和维护植物生长……

在目前的建设格局下，对自然生态的眷顾无疑是最直观，也是最具成效的规划手法，但社会、经济生态的统筹有着更为本质的含义，是生态规划建设后空间范围内系统持续发展的根本保障。

城市规划中对土地资源的合理利用不仅是在顺应自然，而且同时也在顺应自己。城市建设中对人类聚居物质条件改善的同时，也要求自然与聚居场所同存共荣，这是自然的深层和本源的真切展现。此外，对地方传统文化的沿袭、多民族的尊重和创新精神的支持，投射在城市建设中，则是土地资源利用的最高境界。

5.1.4　城市生态空间规划的方法论

1. 生态控制论

1948 年美国数学家维纳以生命系统和环境关系为主题创立了控制论[140]，发展至今，形成了研究以人为中心的社会-经济-自然复合生态系统调控规律的生态控制论[143]。中国学者王如松对生态控制论的研究最具代表性，认为生态控制论不同于传统控制论的一大特点就是对"事"和"情"的调理，强调方案的可行性，即合理、合法、合情、合意。合理指符合一般的物理规律；合法指符合当时当地的法令、法规；合情值为人们的行为观念并为习俗所能接受；合意指符合系统决策者及与系统利益相关者的意向[7, 44]。

生态控制论包含三大原理：第一，对有效资源及可利用生态位的竞争效率原则；第二，人与自然之间、不同人类群体间，以及个体与整体间的和平共生原则；第三，通过循环再生对组织行为进行维护系统结构、功能和过程稳定性的自生或生命力原则。

生态控制论对城乡规划方法论而言，同样是规划方法演进的契机。控制能使事物发展遵循规划所指定的方向，也就是说，它能使偏离目标的变化维持在可许可的限度之内，但基于工业化社会背景下的机械式控制论方式只能导致"城市规划引发城市诸多社会问题"的结果。生态控制论就是要淡化人对城市复杂系统的干扰力量，尤其是对自然系统的干扰，重点放在调控、扶持城市生态系统类似自然生态系统的自组织、自调节能力上。

生态控制论反映在空间规划上也可从两个视角进行解读。广义上，从分析城市生态系统入手辨识承载于城市空间之上的各种生态关系，探讨通过配置空间资源改善系统结构和功能的生态对策，促进城市空间演进与周围环境的互动，提高生态空间对人建物质空间的作用力，减少城市发展的生态影响等。狭义上，生态控制论是一种延续物质空间规划的观念手法，通过有效配置城乡聚落的土地资源与空间资源，强调城市空间中自然环境、物理环境的关系，达到人与自然和谐的目的。

德国生态控制论专家韦斯特（Vester）对"生态控制论"进行了总结和定义[144]，并针对该理论存在的弱点，提出了城市规划中应用生态控制论的8项原则：①任何一个正反馈循环都需要负反馈控制，使之返回到自身调节的平衡；②系统演替目标在于功能的完善，而不是组分的增长；③系统生产的目标在于产品的服务功效，而不是产品的数量；④巧妙地利用现成的合作性或对抗性力量，因势利导，使之成为系统操作者的支持力量，用"柔道"原则代替对抗式"拳击"手法；⑤多重利用原则；⑥共生原则；⑦再生循环原则；⑧基础生物学设计。

2. "反规划"理念

"反规划"的工作方法早在一百多年前就在西方国家得以应用。1879～1895年，奥姆斯特德（Olmsted）和埃利奥特（Eliot）就将公园、林荫道与查尔斯河谷及沼泽、荒地连接起来，规划了至今成为波士顿骄傲的"蓝宝石项链"（emerald necklace）。1883年，景观设计师克利夫兰（Cleveland）对美国明尼苏达的明尼阿波利斯（Minneapolis）（当时为镇）的规划中，结合区域的河流水系建立一个大型中心公园系统，成为居民身心再生的场所[23]。

2002年，俞孔坚教授等提出了"反规划"（anti-planning）这一新的规划思路。所谓反规划，本质上是一种强调通过优先进行不建设区域的控制来进行城市空间规划的方法论。相对于"发展"规划的方法，反规划则是一种"控制"规划方法[22]。

"反规划"理念是针对我国当前城市快速扩张的发展形势和我国传统城市规划过分侧重城市建设用地规划布局的不足而提出的，它主张在城市规划编制的过程中，先对区域的生态基础设施进行规划，建立景观安全格局。在此基础上，再进行城市各类建设用地的布局。它是城市规划与设计的一种新的工作方法，是对传统城市规划方法的完善。反规划更注重生态环境建设的可持续性，主张城市规划和设计应该首先从规划和设计非建设用地入手，而非传统的建设用地规划。如果把"城市与环境"比作"图与底"的关系的话，传统规划是将城市当作"图"，环境当作"底"来设计的；而反规划则是"图—底"易位，将环境作为"图"先行设计。

反规划理念的核心就在于，要在城乡的规划和设计中，前瞻性地进行生态系统的规划建设，维护生态基础设施，建立区域生态景观安全格局，并以此成为城市建设用地布局的框架。

生态基础设施（ecological infrastructure，EI）本质上讲它是城市所依赖的自然系统，是城市及其居民能持续地获得自然服务（nature's services）的基础，它不仅包括习惯的城市绿地系统的概念，也更广泛地包含一切能提供上述自然服务的系统，如大尺度山水格局、自然保护地、林业及农业系统、城市绿地系统、水系及历史文化遗产系统等。生态基础设施是维护生命土地的安全和健康的关键性空间格局，是城市和居民获得持续的自然服务（生态服务）的基本保障，是城市扩张和土地开发利用不可触犯的刚性限制。

景观安全格局（security pattern，SP）是判别和建立生态基础设施的一种途径，该途径以景观生态学理论和方法为基础，基于景观过程和格局的关系，通过景观过程的分析和模拟，来判别对这些过程的健康与安全具有关键意义的景观格局。

景观安全格局途径把景观过程（包括城市的扩张、物种的空间运动、水和风的流动、灾害过程的扩散等）作为通过克服空间阻力来实现景观控制和覆盖的过程。要有效地实现控制和覆盖，必须占领具有战略意义的关键性的景观元素、空间位置和联系。这种关键性元素、战略位置和联系所形成的格局就是景观安全格局，它们对维护和控制生态过程或其他水平过程具有非常重要的意义。根据景观过程的动态和趋势，判别和设计景观安全格局。不同安全水平上的安全格局为城市建设决策者的景观改变提供了可辩护策略。这些景观安全格局构成区域和城市的生态基础设施或潜在的生态基础设施。

5.2　生态适宜性评价的引入

自 20 世纪末以来，中国进入快速城市化阶段，引发城市建设用地的急剧扩展,大量生态用地消失,对城市和区域生态平衡造成巨大压力。为了谋求人与自然和谐发展,政府决策者迫切需要掌握管辖地域范围内的土地敏感性、生态功能的高低及开发建设状态等土地资源现状和承载能力,从而制定科学、合理的城市(区域)发展规划,推进城市(区域)有序建设。基于土地利用的生态适宜性评价恰好从方法论的角度满足政府这一需要,对自上而下推进的主体功能区规划和土地利用规划都具有较重要的实用价值。

生态适宜性评价是指综合土地的地形、水文、地质、人工等特征确定土地某种用途的适宜度,强调土地利用规划应遵从自然固有的价值和自然过程,即土地的适宜性。基于土地利用的生态适宜性评价最早被规划师麦克哈格应用于纽约斯塔腾岛(Staten Island)的土地利用规划,进而形成了近代生态适宜性评价的理论方法基础[22]。近 10 多年来,GIS 技术的引入,进一步推动适宜性定量评价方法的发展和应用。由于其适用于复杂系统的多变量分析,突显生态空间的格局,目前被广泛应用于城市建设用地评价、农业用地评价、自然保护区或旅游区用地评价、区域规划和景观规划,以及项目选址与环境影响评价等五大领域。随着城市化的生态环境负效应逐步扩大,在"反规划"思路指引下,通过 GIS 支撑的生态适宜性评价确定土地不适宜建设范围,即城市增长边界,也成为学术界和政策制定者日益重视的一个领域。

生态控制线最早由美国俄勒冈州的塞勒姆市提出并应用,通过划分城市开发界线限定城市扩张范围,是西方国家解决城市蔓延的一种技术措施和空间政策。随着我国城市化的高速发展,建设用地无序蔓延导致的自然资源减少和生态环境破坏问题日益严重,控制城市增长边界被提上日程。2006 版《城市规划编制办法》第四章明确指出,在城市总体规划纲要及中心城区规划中要研究中心城区"空间增长边界",划定建设用地规模和范围。深圳率先在全国划定市域范围的基本生态控制线,突显对生态资源的保护及土地的可持续利用。但是生态控制线的划定仍在探索之中,尚无准确、科学、有效的方法。本书引入生态适宜性评价,旨在此方面进行积极尝试。

本书尝试通过评价城乡土地的生态适宜性进而划定生态控制线。一是改进了基于 GIS 的生态适宜性定量评价方法,引入成本-限制性分析,综合评估土地的自然和人工价值；二是划分全域土地的生态适宜度等级，采用弹性规划的原则，将生态最适宜和适宜地区划入生态控制线，进行空间管制。

5.3　生态适宜性规划方法与生态控制线划定路径

5.3.1　研究方法与技术路线

本书的生态适宜性评价方法是以城乡土地为评价对象，以 2009 年第二次全国土地调查（以下简称二调）数据为基础数据源，辅之以海丰县行政区划图、汕尾市地形图（1∶5 万）和野外采点等数据建立各种土地利用类型的解译标志，进行影像判读和分析，提取城市土地利用变化信息。同时，结合土地的自然属性（地形、地貌、植被、海岸线、水文等）和人工属性（社会经济发展特征和政府发展战略）提出评价因子体系，通过 ArcGIS9.2 的空间分析功能进行评价，评价单元为 30 m×30 m，具体步骤如图 5-2 所示。

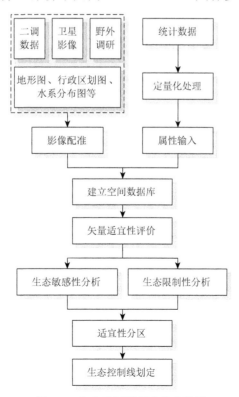

图 5-2　生态控制线划定技术路线

5.3.2　生态适宜性评价方法的改进

基于 GIS 技术的土地生态适宜性的评价方法主要包括线性组合法、因素组合法或多变量决策等几大类，基本表达形式为

$$S = f(x_1, x_2, x_3, \cdots, x_i) \tag{5-1}$$

式中，S 为生态适宜性等级；$x_i (i = 1,2,3,\cdots,n)$ 是评价因子。目前常用的基本模型是权重修正法（式 5-2）和生态因子组合法（式 5-3）：

$$S = \sum_{i=1}^{n} x_i \times w_i \tag{5-2}$$

$$S = \sum_{j=1}^{k} (\sum_{i=1}^{n} x_{ij} \times w_{ij}) \times e_j \tag{5-3}$$

式中，x_{ij} 为评价区内第 j 个指标的第 i 个因子适宜度评价值；w_{ij} 为第 i 个因子在评价第 j 个指标时的权重；e_j 为指标 j 在适宜度综合评价的权重。但是，权重修正法和生态因子组合法最大的问题是无法区别某种影响要素对土地利用的生态敏感性和生态限制性之间的差异，忽略了土地的自然属性和人工属性之间的差异。因此，本书采用成本－限制评价法，将生态敏感性作为生态成本的指标，将与生态相关的规划政策作为生态限制的依据，而生态适宜性则可以看作生态敏感性和生态限制性的加和，公式表示为

$$S = \sum_{i=1}^{n} x_{ip} w_{ip} + \sum x_{ic} \tag{5-4}$$

式中，S 是生态适宜性等级；x_{ip} 为生态敏感性变量；w_{ip} 为生态敏感性权重；x_{ic} 为生态限制性变量；$i=1,2,3,\cdots,n$。

5.3.3　适宜性分区与生态控制线划定

针对分析因子存在的复杂关系，结合生态因子逻辑规则及适宜性等级建立适宜性分析准则，并以此为基础判别土地的生态适宜性，进行适宜性分区。进而根据空间弹性规划原则，将生态最适宜、生态较适宜和生态一般适宜用地划入生态控制线，进行空间管制（图 5-3）。

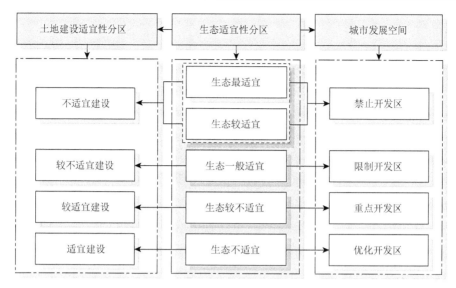

图 5-3　土地生态适宜空间划分方法

5.4　深圳汕尾特别合作区生态适宜性评价

5.4.1　研究区域概况

为了促进区域协调发展，广东省委、省政府致力于创新区域合作模式，在汕尾划出一片土地实践深圳和汕尾两市的区域合作，并于 2011 年 5 月 21 日授牌成立深汕特别合作区，作为全省区域合作的创新示范区，进行先行先试。

深汕特别合作区位于汕尾市西部，海丰县境内，地跨 114°54′5″E～115°11′51″E 和 22°41′55″N～23°1′23″N，北靠莲花山脉，南临红海湾，地势北高南低，属典型的丘陵地形。南亚热带季风气候显著，年均气温 22℃，雨量充沛，常有暴雨、台风危害。行政管辖范围包括鹅埠、小漠、鲘门、赤石四镇，总面积 468.3 km²，海岸线长 50.9 km，2010 年人口总计 91 129 人，基本为村镇人口，由于合作区在区位和规划上均处于汕尾的边缘地区，因此多年来人口、经济增长缓慢，表现出典型的以农业经济为主、欠发达的村镇型发展特征。

5.4.2 指标体系构建与权重确定

城乡土地的生态适宜性综合体现了土地的生态成本与发展限制（图5-4）。具体而言，土地生态成本是核算土地自然属性的价值，通过生态敏感性反映生态破坏所付出的代价，地形、水域及土地覆被状态等因子是影响生态敏感性的主要因子，按重要性程度划分为5级，即极高敏感性、高敏感性、中敏感性、低敏感性、非敏感性，分别赋值9、7、5、3、1。采用权重取大法则，图层叠加时生态敏感程度由最高敏感等级值确定，体现生态学的最小限制定律（表5-2）。

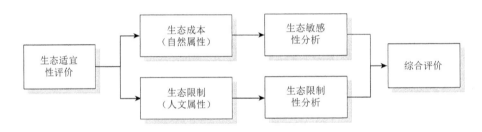

图 5-4 生态适宜性评价的成本-限制评价法基本原理

表 5-2 土地生态适宜性评价指标体系

评价目标	评价指标		分类标准	赋值	等级
生态敏感性	地形	坡度	>25°	9	极高敏感性
			15°~25°	5	中敏感性
			8°~15°	3	低敏感性
			<8°	1	非敏感性
		高程	>200 m	7	高敏感性
			100~200 m	5	中敏感性
			60~100 m	3	低敏感性
			<60 m	1	非敏感性
	内陆水域	河流	河道及60 m内缓冲区	9	极高敏感性
			60~200 m 缓冲区	7	高敏感性
			200~500 m 缓冲区	3	低敏感性
		湖泊水库	水体	9	极高敏感性
			200 m 缓冲区	7	高敏感性
			200~500 m 缓冲区	3	低敏感性

评价目标	评价指标		分类标准	赋值	等级
生态敏感性	外部水域	海岸线	200 m 缓冲区	9	极高敏感性
			200～500 m 缓冲区	7	高敏感性
			500～1000 m 缓冲区	3	低敏感性
	土地覆被	植被	园林地	7	高敏感性
			滩涂	5	中敏感性
			耕地	3	低敏感性
			未利用土地、居民点与工矿用地	1	非敏感性
生态限制性	政策区	生态公益林	国家级和省级生态公益林	不参与权重叠加	
		农田保护区	基本农田保护区	不参与权重叠加	
		水源保护区	一级和二级生活饮用水源保护区	不参与权重叠加	

同时，土地作为人类发展主要的承载体，具有差异化的社会经济价值，政府对某些地块已经做出的政策安排影响着土地的开发利用，生态公益林、农田保护区和生活饮用水源保护区等政策性指标对不能开发的土地具有强限制性，严格约束建设用地的选择与布局，因此选作生态限制性评价因子，并将生态政策区全部划入生态控制线。

5.4.3　适宜度评价结果

在生态敏感性和生态限制性单因子评价的基础上，进行生态适宜性综合评价，采用 k-means 聚类法将规划区分为 5 类地区：最适宜区、较适宜区、一般适宜区、较不适宜区、不适宜区（图 5-5～图 5-7）。结果表明，有 301.80 km^2 的土地适宜作为生态用地，占土地总面积的 64.44%。其中最适宜作为生态用地的面积为 140.13 km^2，占合作区总面积的 29.92%；较适宜作为生态用地的面积 108.79 km^2，占总面积的 23.23%；一般适宜作为生态用地的面积 52.88 km^2，占总面积的 11.29%。除此，还有 68.41 km^2 的土地不宜进行生态保护适合高强度的城市建设，可在指导下进行适度开发的土地 98.09 km^2。也就是说，城市建设用地的影响范围应控制在合作区 35.56% 的土地类型中，另外 64.44% 应当安排为生态用地，不宜进行城市建设开发（表 5-3）。

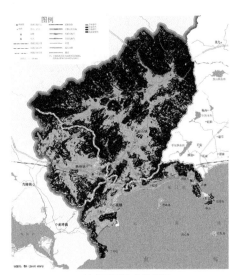

(a) 坡度因子敏感性等级

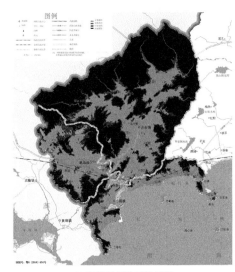

(b) 高程因子敏感性等级

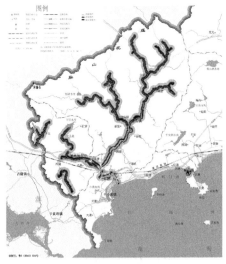

(c) 河流因子敏感性等级

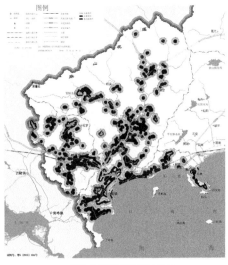

(d) 湖泊水库因子敏感性等级

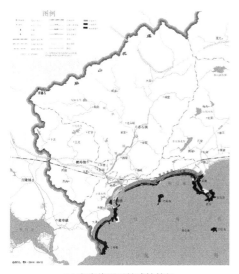

(e) 海岸线因子敏感性等级　　　　　　　　　(f) 植被因子敏感性等级

图 5-5　生态敏感性分析

（后附彩图）

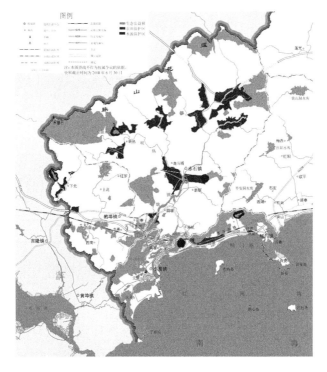

图 5-6　生态限制性分析

（后附彩图）

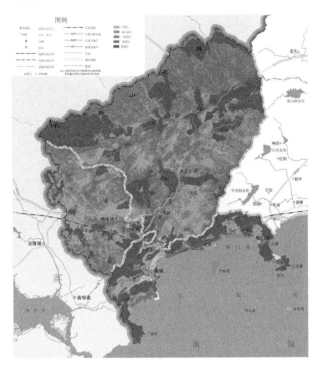

图 5-7　生态适宜性评价结果

（后附彩图）

表 5-3　生态适宜性分类结果

生态适宜性类别	面积/km^2	占国土面积比例/%
最适宜	140.13	29.92
较适宜	108.79	23.23
一般适宜	52.88	11.29
较不适宜	98.09	20.95
不适宜	68.41	14.61
总计	468.30	100.00

5.4.4　生态控制线划定

　　生态控制线的划定目的在于严格保护生态环境的生存线、可持续发展的生命线、生态保护的高压线。考虑规划技术的科学性和规划实施的可操作性[145]，结合生态适宜性分区及城镇发展空间规划，划定生态控制线。

　　最终划入基本生态控制线内的土地面积为 277.1 km^2，占土地总面积的比例为 59.94%，主要包括生态最适宜区和生态较适宜区（图 5-8）。将城乡地区内的各类保护区、各类灾害防护地区及具有重要意义的自然风景绿地划入生态控制线，将不能作为城镇发展的用地加以保护，设置城镇增长边界。这种"反规划"的方法进一步推动了生态空间规划的科学性和有效性。

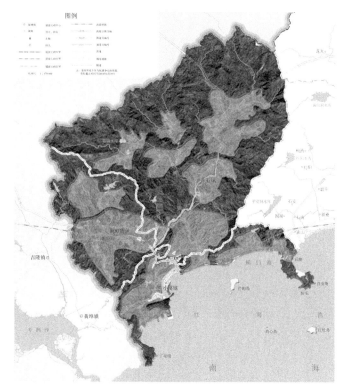

图 5-8　基于适宜性评价的生态控制线划定

（后附彩图）

5.5　结论与讨论

将生态学中同空间直接发生联系的理论加以提炼，并以城乡规划的实践性规划理论为基础，构建城市生态空间规划的理论体系：确定城市生态空间规划的对象为物质空间；规划要素是土地资源及其附属于土地之上的各种自然资源；规划的目标导向必须结合城市空间发展特征，强调生态效率、生态活力和生态稳定性的统一协调；生态控制论和反规划理论应成为生态空间规划的基础方法论。

在理论建构的基础上，选取生态适宜性评价法作为重点研究对象，分别从理论和实践应用两方面展开探讨，提出了以成本——限制性为依据的生态适宜性评价方法创新和以生态适宜性分区为生态控制线划定依据的应用方法创新。具体结论如下。

①把生态适宜性评价引入城镇化快速起步的深汕特别合作区，建设用地扩张与生态保护的矛盾十分突出。在 GIS 应用的基础上，将目前国内广泛采用的单纯权重叠加法推广到加权成本——限制性分析法。该方法的主要特点是将评价要素分为生态成本和生态限制性两大类，并综合于同一适宜性评价公式中，通过恰当的因子权重确定和叠加方法的选择，进而科学地确定土地利用生态适宜性等级，使生态适宜性评价方法在质的变化方面有所突破，同时使评价结果更为客观、合理，提高了生态适宜性评价的科学性、综合性。

②运用基于生态成本——限制性的生态适宜性分析方法，对具有极大政策优势的深汕特别合作区进行了土地生态适宜性评价，在此基础上划分了五类生态适宜性地区：最适宜、较适宜、一般适宜、较不适宜和不适宜，进而依据生态最适宜和较适宜两类地区划定生态控制线，设置城市增长边界。

虽然生态成本——限制性分析方法进一步推进了适宜性评价的科学性和有效性，但在实际应用中仍有一些方面值得进一步探讨。

①作为基础资料的卫星图片分辨率是影响评价指标选取和精确程度的重要因素，根据评价区域范围和层次的不同，需要在满足精度和指标选取之间平衡，使生态适宜性评价更具科学性和合理性；

②根据不同评价对象和研究空间尺度的差异，在因子选择、分等定级、权重确定、叠加过程等方面还需界定更具针对性的评估方法，因此该方法还有较大的研究空间。

第6章 回顾与展望

6.1 主要结论

城市是以人类种群为主导、人与自然复合的生态系统，是城市生态系统的优势种和建设种，人类在城市建构过程具有不可动摇的主导地位，但是这并不意味着这一生态系统的运行绝对以人类为中心，而是包含人类在内的城市生物群落的有机整体。过分关注人的发展和城市建设，忽略其他物种的生存与生态空间的建设，必然造成生态系统的失衡，并进一步导致城乡区域生态环境的恶化。因此，生态空间的研究、维护与建设必将以城市地区为空间载体，以城市生态系统的运行原理为根本，建立以"众生"为本的城乡区域建设理念。对全书进行回顾，得到以下几点结论。

1）总结和提炼了生态空间理论，详细解读了生态空间的内涵。城市生态系统由自然-经济-社会三个子系统组成，其对应的自然物质空间承担着生态、经济、社会复合功能，与建筑空间存在着能量流动、物质循环和信息传递。生态空间以土地资源为研究基本要素，对应为生态用地，其研究具有尺度特征，"基质-斑块-廊道"的层级式分形结构贯穿在城乡自然空间体系各个层面之上，同时与建筑空间形成环绕式、嵌合式、核心式、带形相连式等空间组织模式。生态空间的景观变化过程也有其特殊性，一般经历穿孔、分割、破碎化、收缩和磨蚀、延展6个阶段，前五个阶段为各类土地转化中的主要空间过程，最后一个阶段是生态用地特有的发展过程，形成该过程的前提条件是减少人类负面干扰。

2）分析了城市生态空间格局的演变过程与特征，从自然地貌、经济增长、政治管理等方面探讨了生态空间格局的演变机理。本书以广州市为案例进行了实证分析，构建生态空间格局定量分析指标体系，并以 1985 年、1995 年、2005 年及 2008 年四期广州市遥感影像图为基础资料，进行定量和定性研究，结果发现：①广州生态用地规模较大，但 1985~2005 年广州市生态空间大规模萎缩，且缩减速度不断加快，大量生态用地转化为建设用地，其中耕地减少的规模最大，其变化主导着生态用地总面积的变化趋势。②在生态用地组分中，各生态类型规模由大到小分别为林地、耕地、水域、草地和未利用土地，林地成为最明显的优势类型，而各类用地的景观格局指数表明几何形状趋于简单化、复杂度和破碎度均有不同程度的降低，究其原因为人类干扰的增加，其中又以未利用土地的受干扰程度最大。③生态空间布局与变化是自然与社会经济等因素综合作用的结果，自然地形决定了广州生态空间的基本格局，建成区的扩展、交通网络的布局、经济增长的驱动和行政区划调整都强烈影响着生态空间的分布，造成历史沿革下的老城区（海珠、荔湾、越秀）生态空间较少；建设用地需求旺盛、经济增长快速的地区（番禺、花都、白云、萝岗、天河、南沙、黄埔和增城）生态用地大规模减少；而政治经济的边缘地区（从化）生态空间保存较好，减少规模不大。可见，城市化早期，经济对城市空间格局的形成具有重要影响作用，导致经济快速增长区的生态空间规模减小，其中港口和新城是最直接的体现。

3）推进了城市生态系统功能评估理论框架的完善，并从生态功能损耗的视角探讨生态系统功能的变化特征与影响因素。对生态功能价值进行系统诠释，指出生态系统功能价值应当包括正在发挥作用的生态系统服务功能价值和以自然资本消耗为主要内容的生态功能损耗价值这两部分内容。之后构建了生态功能损耗定量评估模型，并对广州进行了实证研究，认为 1995~2006 年广州市生态功能损耗大幅增长，基本和经济发展趋势保持一致，说明广州仍处于经济发展的初级阶段，经济增长是以生态功能的大量损耗为代价的，但是，生态功能损耗率先升后降的演变趋势说明 2002 年之后广州对粗放式经济发展模式进行控制和调整，并呈现一定绩效；累积资源消耗是生态功能损失的最大构成部分，说明广州资源环境外部性问题严重；环境污染损失指标的大幅增长，表明广州为经济增长付出了高昂的环境代价；人均生态功能损失的规模和速度远大于人口的增长规模和人均GDP 的年均增长速率，说明在城市发展初期，人口快速增长几乎伴随生态系统衰退，但生态功能损失与人口增加非简单的线性关系，其复杂机理有待进一步研究。

4）梳理了城市生态空间规划理论，探讨了科学、合理的生态空间规划方法。以实践为基础的城市规划理论引领，以反规划理论和生态控制论为基础方法论，基于土地资源和附属于土地之上的各种自然资源要素，针对物质空间中的原生自然空间、半自然空间和人建自然空间等主要规划对象，研究和探讨城市内生态空间的规模、布局、用地匹配与调整策略，构建具有生态系统服务功能的生态空间，提高城市的生态效率、生态活力和生态稳定性，不断完善城市生态空间规划的理论体系。进而通过案例分析，引入成本-限制性分析方法修正土地适宜性评估模型，并根据生态适宜性分区划定生态控制线和城市增长边界。

6.2　创新与探索

本书由理论和实践两大部分构成，以理论建构为基础，通过案例分析诠释理论的应用。本书着眼于基础理论的总结和提炼，并在此基础上进行了理论的深入探索和定量研究方法的尝试，主要可归类为如下两部分。

1. 研究理论上的创新

1）剖析城市生态系统中的"空间"属性，提出"生态空间"的概念，进而构建城市生态空间研究的理论体系；

2）系统诠释城市生态系统功能，指出生态系统功能价值应当包括生态系统服务功能价值和生态功能损耗价值这两部分内容，构建生态系统功能价值评估概念模型；

3）以城市规划的实践性规划理论为基础，搭建城市生态空间规划的理论框架，并从规划目标、规划要素及规划方法论等方面完善城市生态空间规划的理论体系。

2. 研究方法上的探索

1）基于物质空间结构与功能的相对统一，采用地理学表示"空间"的"水平"分析方法与生态学表示"功能"的"垂直"分析方法相结合的手段，将空间格局与系统功能两方面结合起来，实现生态空间度量的定量研究方法，借此探索生态空间的演变机理。

2）从物质空间的自然和建筑两个视角探讨生态空间格局的演变机理，重点通过建设用地的空间演变趋势反推生态空间总体格局的变化，提高了生态空间研究的系统性。

3）构建了自然资源损耗定量评估模型，提高了核算方法的科学性。

4）引入成本-限制性分析，修正土地生态适宜性评价方法，进而通过适宜性分区划定生态控制线，提高了生态空间规划方法的科学性、合理性和有效性。

由于研究时间与个人精力的限制，本书所构建的生态空间及其规划理论体系有待完善，生态空间的复杂演变机理需要深入探讨，相应规划方法的多样性和科学性仍需提高。下一步会在如下几方面进行更深入的研究。

第一，理论体系的完善。一方面，城市生态空间理论的形成由来已久，国内外学者也从不同视角进行了大量研究，但目前尚未形成固定的理论模式，与绿地系统、绿色空间、生态基础设施等大量概念混淆。同时，本书仅初步构建了城市生态空间理论体系，在空间尺度研究、结构演变特征等方面还需进行更深入的理论研究和实践检验。另一方面，生态空间规划理论尚不完善，主要源于生态学与城市空间规划理论的巨大差异，而理论中涉及的规划要素、方法论等方面仅为笔者个人观点，还需得到更多学界的认可与深化。

第二，收集更加完整的数据，进一步推进多要素、多视角、多等级等更加全面的研究。需要更加针对性地开展城市生态系统服务价值的定量评估工作，深入揭示单一要素、单一功能的演变机理；强化结构与功能的关联性研究，引进更多的定量研究方法，在两者之间建立联系；人与城市的关系密不可分，因此人的生产生活方式变革对城市空间的影响巨大，这也将会是作者今后重点研究的方向。

第三，研究误差的减少。针对本书中使用的研究方法，重点工作为误差的减少，主要包括几个方面：当年资源损耗和环境污染损失两项指标的计算方法存在误差，仅考虑不可再生的矿产资源是欠全面的，而依赖于水环境中的 COD、SO_2 和固体废物 3 项指标涵盖所有污染排放也略有不妥，均会导致生态功能损耗结果偏低；作为基础资料的卫星图片分辨率是影响评价指标选取和精确程度的重要因素，根据评价区域范围和层次的不同，需要在满足精度和指标选取之间平衡；虽然生态成本——限制性分析方法进一步推进了适宜性评价的合理性和有效性，但是人工赋权仍为降低生态适宜性评价方法科学性的一大弊端。

参 考 文 献

[1] 郑锋. 可持续城市理论与实践[M]. 北京：人民出版社，2005.

[2] 王金南，於方，曹东. 中国绿色国民经济核算研究报告 2004[J]. 中国人口·资源与环境，2006，16(6)：11-17.

[3] 张文丽，徐东群，崔九思. 大气细颗粒物污染监测及其遗传毒性研究[J]. 环境与健康杂志，2003，20(1)：3-6.

[4] McHarg I. Design with Nature[M]. New York：Natural History Press，1971.

[5] 黄光宇，杨培峰. 城乡空间生态规划理论框架试析[J]. 规划师，2002，18(4)：5-9.

[6] 崔功豪，魏清泉，陈宗兴. 区域分析与规划[M]. 北京：高等教育出版社，1999.

[7] 王如松. 城乡生态建设的三大理论支柱：复合生态 循环经济 生态文化[C]. 成都：生态安全与生态建设学术
会议，2002：146-151.

[8] Forman R T T. Some general principles of landscape and regional ecology[J]. Landscape Ecology，1995，10(3)：
133-142.

[9] Risser P G，Karr J R，Forman RTT. Landscape Ecology：Directions and Approaches[M]. Illinois：Illinois Natural
History Survey，1984.

[10] 肖笃宁，李秀珍. 景观生态学的学科前沿与发展战略[J]. 生态学报，2003，23(8)：1615-1621.

[11] 邬建国. 景观生态学：格局、过程、尺度与等级[M]. 2 版. 北京：高等教育出版社，2007.

[12] 曾辉，江子瀛，孔宁宁，等. 快速城市化景观格局的空间自相关特征分析：以深圳市龙华地区为例[J]. 北京
大学学报（自然科学版），2000，36(6)：824-831.

[13] 郭晋平，周志翔. 景观生态学[M]. 北京：中国林业出版社，2007.

[14] Pimentel D，Harvey C，Resosudarmo P，et al. Environmental and economic costs of soil erosion and conservation
benefits[J]. Science，1995，267(5201)：1117-1123.

[15] 李明阳，徐海根. 生物入侵对物种及遗传资源影响的经济评估[J]. 南京林业大学学报（自然科学版），2005，
29(2)：98-102.

[16] 马克明, 傅伯杰, 周华锋. 北京东灵山地区森林的物种多样性和景观格局多样性研究[J]. 生态学报, 1999, 19(1): 1-7.

[17] 彭建, 王仰麟, 张源, 等. 土地利用分类对景观格局指数的影响[J]. 地理学报, 2006, 61(2): 157-168.

[18] 肖寒, 欧阳志云, 赵景柱, 等. 海南岛生态系统土壤保持空间分布特征及生态经济价值评估[J]. 生态学报, 2000, 20(4): 552-558.

[19] 傅伯杰. 土地评价的理论与实践[M]. 北京: 中国科学技术出版社, 1991.

[20] 肖笃宁, 布仁仓. 生态空间理论与景观异质性[J]. 生态学报, 1997, 17(5): 453-461.

[21] 刘海龙, 李迪华, 韩西丽. 生态基础设施概念及其研究进展综述[J]. 城市规划, 2005, 29(9): 70-75.

[22] 俞孔坚, 李迪华, 刘海龙. "反规划"途径[M]. 北京: 中国建筑工业出版社, 2005.

[23] 俞孔坚, 李迪华, 潮洛蒙. 城市生态基础设施建设的十大景观战略[J]. 规划师, 2001, 17(6): 9-13.

[24] Fábos J G. Greenway planning in the United States: Its origins and recent case studies[J]. Landscape and Urban Planning, 2004, 68(2-3): 321-342.

[25] Little C E. Greenways for America[M]. Baltimore: Johns Hopkins University Press, 1995.

[26] Lockwood C. Building the green way[J]. Harvard Business Review, 2006, 84(6): 129-137.

[27] 刘滨谊, 余畅. 美国绿道网络规划的发展与启示[J]. 中国园林, 2001, 17(6): 77-81.

[28] 谭少华, 赵万民. 绿道规划研究进展与展望[J]. 中国园林, 2007, 23(2): 85-89.

[29] 何昉, 康汉起, 许新立, 等. 珠三角绿道景观与物种多样性规划初探: 以广州和深圳绿道为例[J]. 风景园林, 2010, (2): 74-80.

[30] 何昉, 锁秀, 高阳, 等. 探索中国绿道的规划建设途径: 以珠三角区域绿道规划为例[J]. 风景园林, 2010, (2): 70-73.

[31] 周年兴, 俞孔坚, 黄震方. 绿道及其研究进展[J]. 生态学报, 2006, 26(9): 3108-3116.

[32] 金利霞, 江璐明. 珠三角绿道经营管理模式与区域协调机制探究: 美国绿道之借鉴[J]. 规划师, 2012, 28(2): 75-80.

[33] 何兴元, 金莹杉, 朱文泉, 等. 城市森林生态学的基本理论与研究方法[J]. 应用生态学报, 2002, 13(12): 1679-1683.

[34] 傅伯杰. 美国土地适宜性评价的新进展[J]. 自然资源学报, 1987, 2(1): 92-95.

[35] 焦胜, 李振民, 高青, 等. 景观连通性理论在城市土地适宜性评价与优化方法中的应用[J]. 地理研究, 2013, 32(4): 720-730.

[36] 蒙吉军, 赵春红, 刘明达. 基于土地利用变化的区域生态安全评价: 以鄂尔多斯市为例[J]. 自然资源学报,

　　　　2011，26(4)：578-590.

[37]　杨国栋，贾成前. 高速公路复垦土地适宜性评价的 BP 神经网络模型[J]. 系统工程理论与实践，2002，22(4)：
　　　　119-124.

[38]　Tansley A G. The early history of modern plant ecology in Britain[J]. Journal of Ecology，1947，35(1)：130-137.

[39]　沈清基. 城市生态与城市环境[M]. 上海：同济大学出版社，2007.

[40]　黄光宇，陈勇. 论城市生态化与生态城市[J]. 城市环境与城市生态，1999，12(6)：30-33.

[41]　欧阳志云，王如松，赵景柱. 生态系统服务功能及其生态经济价值评价[J]. 应用生态学报，1999，10(5)：
　　　　635-640.

[42]　张晓爱. 生态系统营养动态的网络透视法[J]. 生态学杂志，1995，14(5)：36-42.

[43]　马世骏，王如松. 社会-经济-自然复合生态系统[J]. 生态学报，1984，4(1)：1-9.

[44]　王如松. 论复合生态系统与生态示范区[J]. 科技导报，2000，6：6-9.

[45]　王祥荣. 论生态城市建设的理论、途径与措施：以上海为例[J]. 复旦学报（自然科学版），2001，40(4)：349-354.

[46]　王祥荣. 城市生态学[M]. 上海：复旦大学出版社，2011.

[47]　金岚，王振堂，朱秀丽. 环境生物学[M]. 北京：高等教育出版社，1992.

[48]　刘堃. 城市空间的层进阅读方法研究[M]. 北京：中国建筑工业出版社，2010.

[49]　陈彦光，刘继生. Braess 模型与城市网络的空间复杂化探讨[J]. 地理科学，2006，26(6)：658-663.

[50]　薛领，杨开忠. 复杂性科学理论与区域空间演化模拟研究[J]. 地理研究，2002，21(1)：79-88.

[51]　Phillips J D. Earth Surface Systems：Complexity，Order，and Scale[M]. Oxford：Blackwell Publishers，1998.

[52]　Wilson A G. 地理学与环境：系统分析方法[M]. 蔡运龙，译. 北京：商务印书馆，1997.

[53]　房艳刚，刘鸽，刘继生. 城市空间结构的复杂性研究进展[J]. 地理科学，2005，25(6)：754-761.

[54]　刘继生，陈彦光，刘志刚. 点-轴系统的分形结构及其空间复杂性探讨[J]. 地理研究，2003，22(4)：447-454.

[55]　Arthur W B. Complexity and the economy[J]. Science，1999，284(5411)：107-109.

[56]　Holland J. 隐秩序：适应性就是复杂性[M]. 周晓牧，韩辉，译. 上海：上海科技教育出版社，2000.

[57]　陈彦光. 分形城市系统的空间复杂性研究[M]. 北京：北京大学，2004.

[58]　尹小玲，宋劲松. 城市可持续发展核算之真实储蓄模型的应用：以广州，深圳，珠海为例[J]. 地域研究与开
　　　　发，2010，29(2)：53-58.

[59]　赵景柱，肖寒，吴刚. 生态系统服务的物质量与价值量评价方法的比较分析[J]. 应用生态学报，2000，11(2)：
　　　　290-292.

[60]　毛磊，姜岩，青泽，等. 地球峰会，拯救地球[N]. 中国环境报，2002-08-29.

[61] 秦飞，刘景元，何树川. 基于作用对象的城市绿色空间三大效益计量导论[J]. 中国园林，2012，28(4)：44-46.

[62] 李锋，王如松. 城市绿色空间生态服务功能研究进展[J]. 应用生态学报，2004，15(3)：527-531.

[63] 常青，李双成，李洪远，等. 城市绿色空间研究进展与展望[J]. 应用生态学报，2007，18(7)：1640-1646.

[64] 李小建，李国平，曾刚，等. 经济地理学[M]. 北京：高等教育出版社，2006.

[65] 陆大道. 论区域的最佳结构与最佳发展：提出"点-轴系统"和"T"型结构以来的回顾与分析[J]. 地理学报，2001，56(2)：127-135.

[66] 叶大年，赫伟，徐文东，等. 中国城市的对称分布[J]. 中国科学（D），2001，31(7)：608-616.

[67] 陆玉麒. 区域双核结构模式的形成机理[J]. 地理学报，2002，51(7)：85-96.

[68] 贺灿飞，梁进社. 中国外商直接外资的区域分异及其变化[J]. 地理学报，1999，54(2)：97-105.

[69] 贺灿飞，梁进社. 中国区域经济差异的时空变化：市场化、全球化与城市化[J]. 管理世界，2004，(8)：8-17.

[70] 李敏纳，覃成林. 中国社会性公共服务空间分异研究[J]. 人文地理，2010，111(1)：26-30.

[71] 孟晓晨，刘洋，戴学珍. 中国主要省区人力资本利用效率及流动方向研究[J]. 人文地理，2005，20(6)：5-10.

[72] 李德华. 城市规划原理[M]. 北京：中国建筑工业出版社，2001.

[73] 李志刚，吴缚龙，薛德升. "后社会主义城市" 社会空间分异研究述评[J]. 人文地理，2006，21(5)：1-5.

[74] 苏贾. 后现代地理学：重申批判社会理论中的空间[M]. 北京：商务印书馆，2004.

[75] 孟庆洁. 社会空间辩证法及其学科意义：地理学视角的解析[J]. 学术界，2010，114(5)：79-84.

[76] 克里斯托弗·亚历山大. 城市并非树形[J]. 严小婴，译. 建筑师，1986，24：206-225.

[77] 李团胜，刘哲民. 人居环境建设的景观生态学途径[J]. 生态学杂志，2003，22(4)：121-124.

[78] 毕凌岚. 生态城市物质空间系统结构模式研究[D]. 重庆：重庆大学，2004.

[79] 孔维强，王承云，白光润. 巨型城市与巨型城市区域的空间结构演变[J]. 上海师范大学学报（自然科学版），2009，38(3)：310-318.

[80] 郭继孚，刘莹，余柳. 对中国大城市交通拥堵问题的认识[J]. 城市交通，2011，9(2)：6-14.

[81] Chen Y. Analogies between urban hierarchies and river networks：Fractals，symmetry，and self-organized criticality[J]. Chaos，Solitons & Fractals，2009，40(4)：1766-1778.

[82] 刘继生，陈彦光. 城市地理分形研究的回顾与前瞻[J]. 地理科学，2000，20(2)：166-171.

[83] 张宏才. 水系分形研究的若干思考[J]. 咸阳师范学院学报，2003，18(6)：41-43.

[84] 冯平，冯焱. 河流形态特征的分维计算方法[J]. 地理学报，1997，52(4)：324-330.

[85] 何隆华，赵宏. 水系的分形维数及其含义[J]. 地理科学，1996，16(2)：124-128.

[86] 陈彦光，刘继生. 水系结构的分形和分维：Horton 水系定律的模型重建及其参数分析[J]. 地球科学进展，2001，

16(2)：178-183.

[87] 袁雯，杨凯，吴建平. 城市化进程中平原河网地区河流结构特征及其分类方法探讨[J]. 地理科学, 2007, 27(3)：401-407.

[88] 陈彦光，王义民，靳军. 城市空间网络：标度，对称，复杂与优化：城市体系空间网络分形结构研究的理论总结报告[J]. 信阳师范学院学报（自然科学版）, 2004, 17(3)：311-316.

[89] Li B, Ma K. Biological invasions: Opportunities and challenges facing Chinese ecologists in the era of translational ecology[J]. Biodiversity Science, 2010, 18(6)：529-532.

[90] 周霞，张林艳，叶万辉. 生态空间理论及其在生物入侵研究中的应用[J]. 地理科学进展, 2002, 17(4)：588-592.

[91] 傅伯杰，陈利顶，马克明，等. 景观生态学原理及应用[M]. 北京：科学出版社, 2011.

[92] 王云才. 景观生态规划原理[M]. 北京：中国建筑工业出版社, 2007.

[93] 张树文. 景观生态分类概念释义及研究进展[J]. 生态学杂志, 2009, 28(11)：2387-2392.

[94] Ehrlich P R, Wheye D. "Nonadaptive" hilltopping behavior in male checkerspot butterflies (euphydryas editha)[J]. American Naturalist, 1986, 127(4)：477-483.

[95] Jianguo W. Landscape ecology-concepts and theories[J]. Chinese Journal of Ecology, 2000, 19(1)：42-45.

[96] 孙阳. 空间异质性景观中单一物种扩散机理模型分析[D]. 北京：北京林业大学, 2012.

[97] 黎夏，叶嘉安. 基于元胞自动机的城市发展密度模拟[J]. 地理科学, 2006, 26(2)：165-172.

[98] Ryberg W A, Fitzgerald L A. Landscape composition, not connectivity, determines metacommunity structure across multiple scales[J]. Ecography, 2016, 39(10)：932-941.

[99] Urban M C. Disturbance heterogeneity determines freshwater metacommunity structure[J]. Ecology, 2004, 85(11)：53-61.

[100] 张世梅，孙瑶，闵涛. 生物斑图中 Gray-Scott 模型的数值求解及参数反演[J]. 数学的实践与认识, 2019, 49(21)：206-212.

[101] 蒋丹华. 非均匀环境中的几类反应扩散模型研究[D]. 兰州：兰州大学, 2019.

[102] 吕一河，傅伯杰. 生态学中的尺度及尺度转换方法[J]. 生态学报, 2001, 21(12)：2096-2105.

[103] 王让会. 景观尺度、过程及格局（LSPP）研究的内涵及特点[J]. 热带地理, 2018, 38(4)：458-464.

[104] 许开鹏，步秀芹，曾广庆，等. 环境功能区划的空间尺度特征[J]. 城乡规划, 2017, (5)：82-89.

[105] 傅伯杰，吕一河，陈利顶，等. 国际景观生态学研究新进展[J]. 生态学报, 2008, 28(2)：798-804.

[106] 张金屯，邱扬. 景观格局的数量研究方法[J]. 山地学报, 2000, 18(4)：346-352.

[107] Chang H, Li F, Li Z, et al. Urban landscape pattern design from the viewpoint of networks: A case study of

Changzhou city in Southeast China[J]. Ecological Complexity, 2011, 8(1): 51-59.

[108] Forman R T. The urban region: Natural systems in our place, our nourishment, our home range, our future[J]. Landscape Ecology, 2008, 23(3): 251-253.

[109] 钱敏, 濮励杰, 朱明, 等. 土地利用结构优化研究综述[J]. 长江流域资源与环境, 2010, 19(12): 1410-1415.

[110] Freudenberger D, Harvey J, Drew A. Predicting the biodiversity benefits of the Saltshaker Project, Boorowa, NSW[J]. Ecological Management & Restoration, 2004, 5(1): 5-14.

[111] 张秋菊, 傅伯杰, 陈利顶. 关于景观格局演变研究的几个问题[J]. 地理科学, 2003, 23(3): 264-270.

[112] 毛蒋兴, 闫小培, 李志刚, 等. 快速城市化过程中深圳土地利用变化的自然及人文因素综合研究[J]. 自然资源学报, 2009, 24(3): 523-535.

[113] Yu X J, Ng C N. Spatial and temporal dynamics of urban sprawl along two urban-rural transects: A case study of Guangzhou, China[J]. Landscape and Urban Planning, 2007, 79(1): 96-109.

[114] 潘安, 周鹤龙, 贺崇明, 等. 城市交通指路: 广州交通规划与实践[M]. 北京: 中国建筑工业出版社, 2006.

[115] 广州市统计局. 广州统计年鉴(1984~2009)[M]. 北京: 中国统计出版社, 1984~2009.

[116] 谢涤湘. 行政区划调整与大都市区发展: 以广州市为例[J]. 现代城市研究, 2007, (12): 25-31.

[117] 洪国志, 李郇. 基于房地产价格空间溢出的广州城市内部边界效应[J]. 地理学报, 2011, 66(4): 468-476.

[118] 李开宇. 行政区划调整对城市空间扩展的影响研究: 以广州市番禺区为例[J]. 经济地理, 2010, 30(1): 22-26.

[119] Costanza R, d'Arge R, de Groot R, et al. The value of the world's ecosystem services and natural capital[J]. Ecological Economics, 1998, 25(1): 3-15.

[120] Westman W E. How much are natures services worth[J]. Science, 1977, 4307(197): 960-964.

[121] Halkos G, Matsiori S. Determinants of willingness to pay for coastal zone quality improvement[J]. Journal of Socio-Economics, 2012, 41(4): 390-399.

[122] Farber S C, Costanza R, Wilson M A. Economic and ecological concepts for valuing ecosystem services[J]. Ecological Economics, 2002, 41(3): 375-392.

[123] 史培军, 宫鹏, 李晓兵, 等. 土地利用/覆盖变化研究的方法与实践[M]. 北京: 科学出版社, 2000.

[124] Holdren J P, Ehrlich P R. Human population and the global environment: Population growth, rising per capita material consumption, and disruptive technologies have made civilization a global ecological force[J]. American Scientist, 1974, 62(3): 282-292.

[125] 谢高地, 鲁春霞, 成升魁. 全球生态系统服务价值评估研究进展[J]. 资源科学, 2001, 23(6): 5-9.

[126] Bolund P, Hunhammar S. Ecosystem services in urban areas[J]. Ecological Economics, 1999, 29(2): 293-301.

[127] Holmlund C M，Hammer M. Ecosystem services generated by fish populations[J]. Ecological Economics，1999，
　　　　29(2)：253-268.

[128] 冯伟林，李树茁，李聪. 生态系统服务与人类福祉：文献综述与分析框架[J]. 资源科学，2013，35(7)：
　　　　1482-1489.

[129] 国家环境保护局，《中国生物多样性国情研究报告》编写组. 中国生物多样性国情研究报告[M]. 北京：中
　　　　国环境科学出版社，1998.

[130] 欧阳志云，王如松. 生态系统服务功能、生态价值与可持续发展[J]. 世界科技研究与发展，2000，(5)：45-50.

[131] 陈仲新，张新时. 中国生态系统效益的价值[J]. 科学通报，2000，45(1)：17-22.

[132] 潘耀忠，史培军，朱文泉，等. 中国陆地生态系统生态资产遥感定量测量[J]. 中国科学(D)，2004，34(4)：
　　　　375-384.

[133] 项雅娟，陆雍森. 生态服务功能与自然资本的研究进展[J]. 软科学，2004，18(6)：15-17.

[134] Westman W，Rogers R. Biomass and structure of a subtropical eucalypt forest，north stradbroke island[J]. Australian
　　　　Journal of Botany，1977，25：46-53.

[135] 李双成，郑度，张镱锂. 环境与生态系统资本价值评估的区域范式[J]. 地理科学，2002，22(3)：270-275.

[136] 张军连，李宪文. 生态资产估价方法研究进展[J]. 中国土地科学，2003，17(3)：52-55.

[137] Turner B L，Clark W C，Kates R W，et al. The Earth as Transformed by Human action：Global and Regional
　　　　Changes in the Biosphere over the Past 300 Years[M]. Cambridge：Cambridge University Press，1990.

[138] 谢高地，张彩霞，张雷明，等. 基于单位面积价值当量因子的生态系统服务价值化方法改进[J]. 自然资源学
　　　　报，2015，30(8)：1243-1254.

[139] 朱照宇，匡耀求，黄宁生. 广东可持续发展进程[M]. 广州：广东科技出版社，2005.

[140] 杨培峰. 城乡空间生态规划理论与方法研究[M]. 北京：科学出版社，2005.

[141] 《中国建设年鉴》 编委会. 中国建设年鉴2002[M]. 北京：中国建筑工业出版社，2002，391-393.

[142] 彼得·卡尔索普，威廉·富尔顿. 区域城市：终结蔓延的规划[M]. 叶齐茂，倪晓辉，译. 北京：中国建筑
　　　　工业出版社，2007.

[143] 王如松. 转型期城市生态学前沿研究进展[J]. 生态学报，2000，20(5)：830-840.

[144] 吕永龙，王如松. 城市生态系统的模拟方法：灵敏度模型及其改进[J]. 生态学报，1996，16(3)：308-313.

[145] 刘堃，李贵才，尹小玲，等. 走向多维弹性：深圳市弹性规划演进脉络研究[J]. 城市规划学刊，2012，199(1)：
　　　　63-70.

附　图

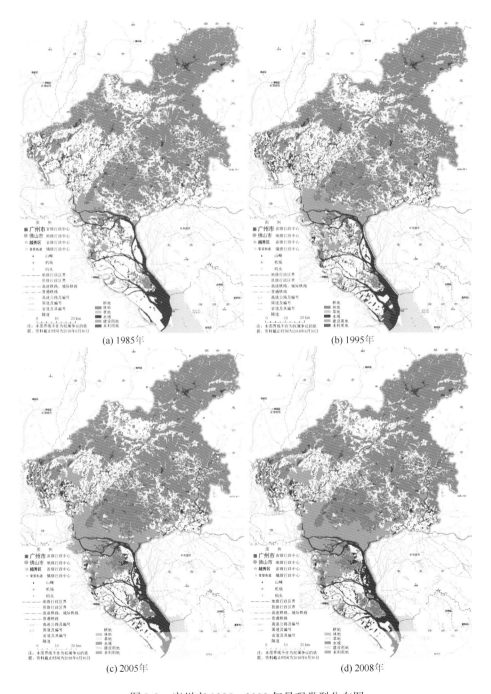

(a) 1985年　　　　　　　(b) 1995年

(c) 2005年　　　　　　　(d) 2008年

图 3-9　广州市 1985～2008 年景观类型分布图

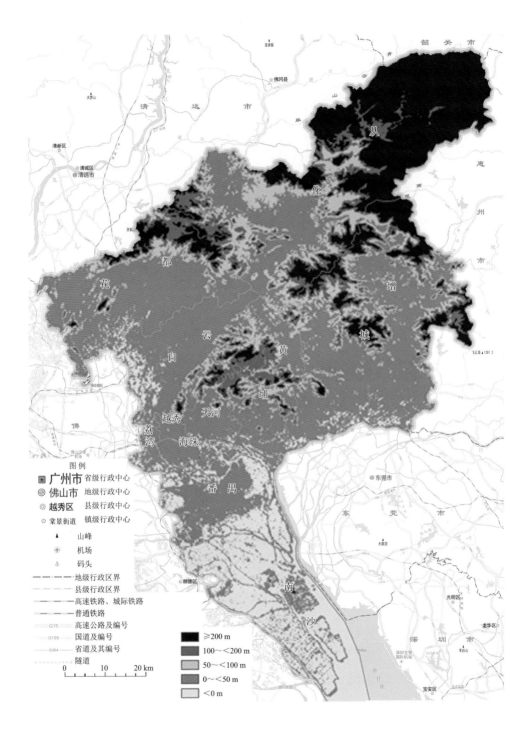

图 3-11　广州市地形图

注：本图界线不作为权属争议的依据，资料截止时间为 2018 年 6 月 30 日

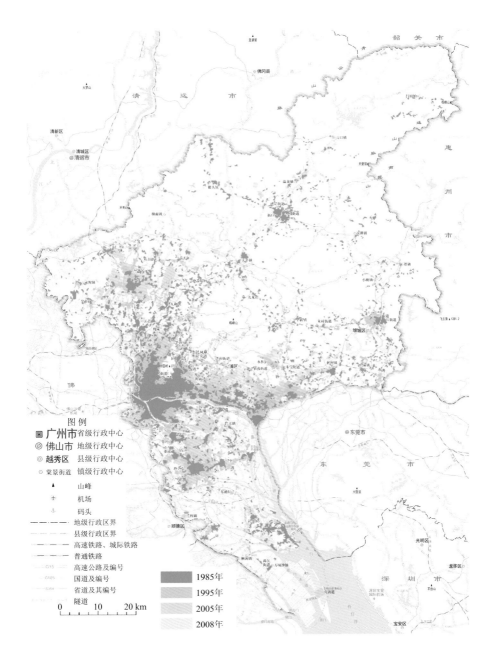

图 3-12   1985～2008 年广州市扩张过程

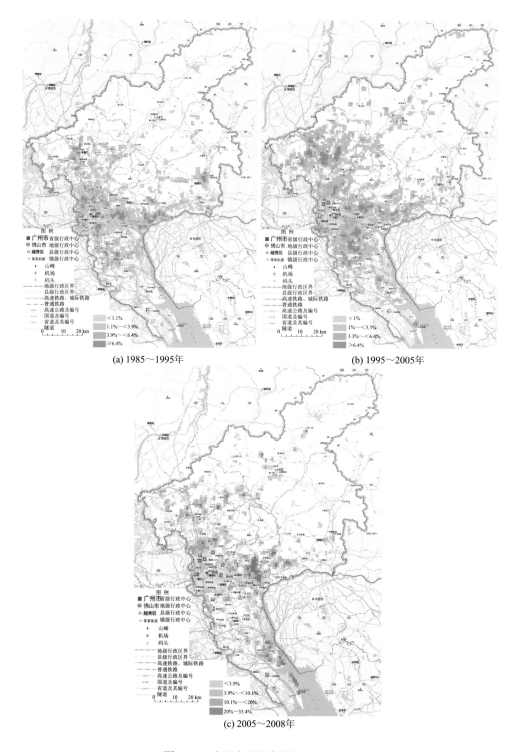

(a) 1985～1995年

(b) 1995～2005年

(c) 2005～2008年

图3-13　广州市空间年增长率分布图

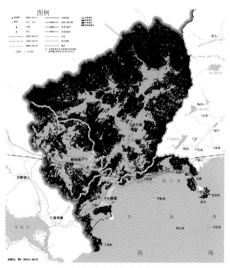

(a) 坡度因子敏感性等级

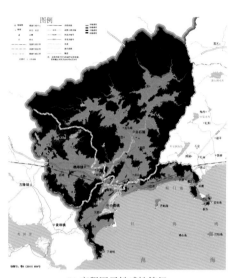

(b) 高程因子敏感性等级

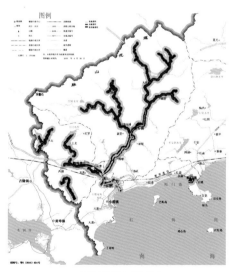

(c) 河流因子敏感性等级

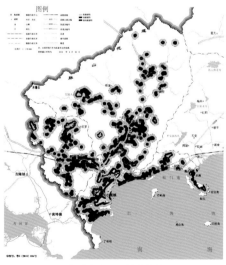

(d) 湖泊水库因子敏感性等级

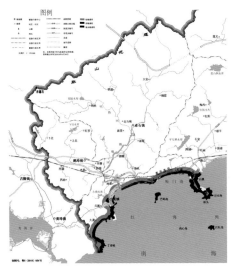
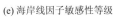

(e) 海岸线因子敏感性等级

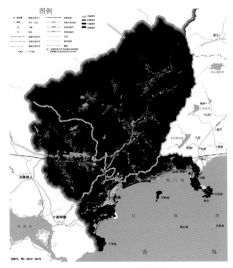

(f) 植被因子敏感性等级

图 5-5　生态敏感性分析

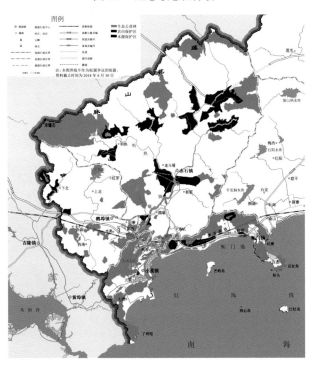

图 5-6　生态限制性分析

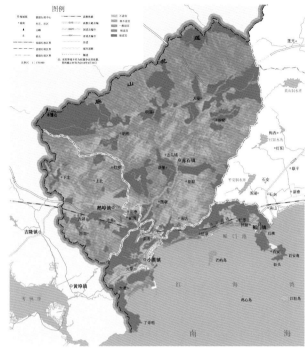

图 5-7　生态适宜性评价结果

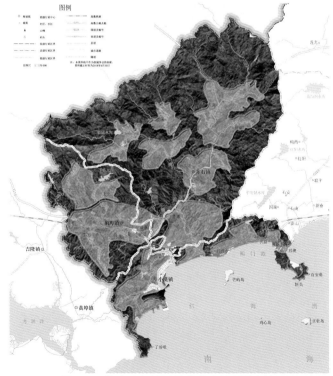

图 5-8　基于适宜性评价的生态控制线划定